João Mauricio Rosario
Sylvie Mercier
Jean-Christophe Frachet

Desenvolvimento urbano baseado em dados

João Mauricio Rosario
Sylvie Mercier
Jean-Christophe Frachet

Desenvolvimento urbano baseado em dados

Do BIM à cidade aumentada e inteligente

ScienciaScripts

Imprint

Cover image: www.ingimage.com

This book is a translation from the original published under ISBN 978-620-7-84304-6.

Publisher:
Sciencia Scripts
is a trademark of
Dodo Books Indian Ocean Ltd. and OmniScriptum S.R.L publishing group

120 High Road, East Finchley, London, N2 9ED, United Kingdom
Str. Armeneasca 28/1, office 1, Chisinau MD-2012, Republic of Moldova, Europe
Printed at: see last page
ISBN: 978-620-8-18625-8

Desenvolvimento urbano baseado em dados

Do BIM à cidade aumentada e inteligente

J.M. ROSÁRIO - S. MERCIER - J.C. FRACHET

Desenvolvimento urbano baseado em dados:
Do BIM à cidade aumentada e inteligente

J.M. ROSÁRIO - S. MERCIER - J.C. FRACHET

Resumo

A geração de dados para o fabrico de cidades aumentadas, conectadas e inteligentes é uma grande oportunidade para explorar conceitos-chave, desafios e soluções. A utilização de bases de dados relacionais e de modelos de previsão de dados utilizando técnicas de aprendizagem automática (ML), aprendizagem profunda (DL) e redes neuronais (NN) é crucial para a recolha, organização e exploração de dados no contexto das cidades inteligentes.

Ao integrar estes elementos, o utilizador esclarece a forma como as bases de dados relacionais proporcionam um quadro eficaz para o armazenamento de dados urbanos e como as técnicas avançadas de ML, DL e RN podem prever, analisar e obter informações acionáveis a partir desses dados.

A integração da Inteligência Artificial (IA) e da Robótica desempenha um papel crucial na evolução para cidades inteligentes e conectadas.

1. **Contextualização:** Evolução das cidades para o conceito de "cidades inteligentes", a importância da IA e da robótica numa cidade inteligente.

2. **Definição de termos:** Compreender o BIM (Building Information Modeling), a cidade aumentada e os aspectos de conetividade e inteligência.

3. **Gestão de dados para cidades inteligentes:** Compreender a importância da gestão de dados e da análise preditiva no desenvolvimento de cidades inteligentes e conectadas. espinha dorsal de qualquer cidade inteligente é a sua capacidade de recolher, gerir e analisar grandes quantidades de dados. A gestão eficaz de dados garante que as cidades possam funcionar de forma eficiente, manter a segurança e fornecer melhores serviços aos residentes. Este segmento irá explorar as técnicas e tecnologias subjacentes à recolha de dados, a importância da privacidade e da segurança e o papel dos grandes volumes de dados nas aplicações das cidades inteligentes.

4. **Estado atual do desenvolvimento urbano baseado em dados em todo o mundo:** Compreender alguns aspectos importantes sobre a utilização de bases de dados relacionais e inteligência artificial: Bases de Dados Relacionais (BDR), Inteligência Artificial (IA), Projectos de Cidades Inteligentes, Mobilidade Urbana e Envolvimento dos Cidadãos.

5. **Inteligência Artificial e Robótica para Cidades Conectadas:** A IA e a robótica são essenciais para a evolução das cidades inteligentes. Ao integrar a IA nas infra-estruturas urbanas, as cidades podem melhorar a conetividade, automatizar processos e melhorar a eficiência dos serviços. As aplicações robóticas, desde a gestão automatizada de resíduos até aos drones de entrega, contribuem para um ambiente urbano sem descontinuidades e com capacidade de resposta. Esta secção irá analisar a forma como estas tecnologias estão a transformar a vida urbana e a conetividade.

6. **Modelos de previsão com aprendizagem automática (ML), aprendizagem profunda (DL) e redes recorrentes (RNN) para cidades inteligentes:** A análise preditiva é crucial para a gestão proactiva de ambientes urbanos. ML, DL) e RNN oferecem ferramentas poderosas para a previsão e tomada de decisões em cidades inteligentes. Esta secção apresentará estes modelos, as suas aplicações na previsão urbana e fornecerá estudos de caso que ilustram a sua eficácia em cenários do mundo real.

7. **Visão geral das arquitecturas e tecnologias das cidades inteligentes:** A integração da Internet das Coisas (IoT) nos espaços urbanos, o desenvolvimento de infra-estruturas de rede robustas e a implementação de redes de sensores são fundamentais para o funcionamento das cidades inteligentes. Esta parte do capítulo descreve as arquitecturas e tecnologias que permitem que as cidades inteligentes funcionem de forma eficiente e em tempo real.

8. **Gestão de energia em cidades inteligentes:** A sustentabilidade é um objetivo fundamental para as cidades inteligentes. Ao adotar soluções de energias renováveis, implementar redes inteligentes e melhorar a eficiência energética, as cidades podem reduzir a sua pegada ambiental. Esta secção abordará as tecnologias e estratégias que apoiam a gestão sustentável da energia urbana.

9. **Sistemas de transporte inteligentes:** As cidades inteligentes estão a redefinir os transportes através de sistemas inteligentes de gestão do tráfego, veículos autónomos e soluções inovadoras de transportes públicos. As plataformas de mobilidade como serviço (MaaS) também estão a transformar a forma como os residentes navegam nos espaços urbanos. Esta parte examinará os avanços nos transportes que estão a tornar as cidades mais acessíveis e eficientes.

10. **Segurança pública e resposta a emergências:** Garantir a segurança pública e uma resposta eficaz a emergências é fundamental para qualquer cidade. As soluções de segurança baseadas em IA e as tecnologias avançadas de gestão de catástrofes desempenham um papel fundamental na proteção dos residentes. Esta secção irá explorar a forma como as cidades inteligentes melhoram a segurança pública e gerem emergências com tecnologia de ponta.

11. **Envolvimento dos cidadãos e governação inteligente:** O êxito das cidades inteligentes depende em grande medida da participação dos cidadãos e de uma governação transparente. As plataformas digitais permitem a participação cívica, enquanto os modelos de governação inovadores garantem a responsabilização e a capacidade de resposta. Este segmento destacará a importância de promover uma relação de colaboração entre os residentes e as administrações municipais.

12. **O futuro das cidades inteligentes:** Olhando para o futuro, as tecnologias e tendências emergentes continuarão a moldar o futuro das cidades inteligentes. Esta secção final discutirá os desafios e as oportunidades que se avizinham, oferecendo uma visão para o futuro da vida urbana.

Num segundo volume, são apresentados estudos de caso pormenorizados e aplicações práticas de conceitos de cidades inteligentes, fornecendo exemplos reais e perspectivas sobre a implementação de tecnologias de cidades inteligentes.

A maior parte das figuras deste livro são geradas com recurso a Inteligência Artificial e comissariadas pelos autores para uma melhor compreensão.

Desenvolvimento urbano baseado em dados
Do BIM à cidade aumentada e inteligente

Índice

Capítulo 1
Introdução

Bem-vindo ao fascinante mundo do desenvolvimento urbano baseado em dados, onde a convergência de tecnologia, conetividade e inteligência está a transformar as nossas cidades em entidades vivas e dinâmicas. Neste livro intitulado "Data-Driven Urban Development: From BIM to the Augmented and Smart City", exploramos a viagem transformadora das cidades do passado para um futuro em que a recolha de dados, a análise e a aplicação inteligente redefinem a forma como concebemos, construímos e gerimos os nossos ambientes urbanos.

Este livro está estruturado em onze capítulos. Cada capítulo apresenta uma exploração exaustiva dos principais tópicos. No final de cada capítulo, é fornecida uma extensa bibliografia, permitindo aos leitores obterem uma compreensão mais profunda e mais conhecimentos sobre os assuntos discutidos.

1.1 Descrição dos capítulos

Capítulo 1: Introdução

Este capítulo apresenta os temas e objectivos gerais do livro. Prepara o terreno para os capítulos seguintes, delineando a importância das abordagens baseadas em dados no desenvolvimento urbano e fornecendo uma antevisão dos tópicos abordados.

Capítulo 2: Cidade inteligente: Conceito, principais elementos e estratégia

Este capítulo mergulha no mundo das cidades inteligentes, decompondo o conceito de Smart City, explorando os seus principais elementos e analisando estratégias inovadoras. Através de exemplos de todo o mundo, descobriremos como o conceito de Smart City é aplicado, incluindo o seu impacto em várias regiões.

Capítulo 3: Modelação da Informação da Construção (BIM)

Este capítulo centra-se na Modelação da Informação da Construção (BIM) como a pedra angular de uma Cidade Inteligente. Iremos explorar o conceito de BIM, os seus elementos-chave e as estratégias para a sua integração. Aplicações e estudos de caso de todo o mundo enriquecerão a nossa compreensão do papel crucial do BIM.

Capítulo 4: Produção de dados e Modelação da Informação da Construção (BIM)

Este capítulo mergulha na fusão dos processos de máquinas inteligentes com o BIM, ilustrando os fluxos de trabalho BIM e apresentando exemplos concretos de planeamento urbano. Uma conclusão sólida sintetizará as lições aprendidas com a integração de dados e BIM.

Capítulo 5: Cidade aumentada e conetividade

Aqui, exploraremos o conceito de "Cidade Aumentada", centrando-nos nas aplicações de Realidade Aumentada para navegação urbana, conetividade e Internet das Coisas (IoT). Serão destacados exemplos de redes de objectos ligados para recolha de dados urbanos.

Capítulo 6: Inteligência urbana e utilização de dados

Este capítulo examina a utilização de dados urbanos, apresentando vários casos de utilização e avaliando os prós e os contras da inteligência urbana. Também consideraremos os custos e os tempos de retorno, fornecendo uma base sólida para compreender as implicações financeiras destas tecnologias.

Capítulo 7: Inteligência Artificial e Robótica para Cidades Conectadas

Iremos explorar o papel da Inteligência Artificial (IA) e da robótica na transformação urbana, incluindo análises preditivas e exemplos de aplicação. Este capítulo destacará também o papel emergente da robótica na criação de cidades inteligentes.

Capítulo 8: Gestão de dados para cidades inteligentes

Este capítulo explora o papel das bases de dados relacionais nas cidades inteligentes, realçando o seu papel essencial na gestão, organização e exploração eficaz dos dados urbanos.

Capítulo 9: Modelos de previsão com aprendizagem automática (ML), aprendizagem profunda (DL) e redes neuronais (NN) para cidades inteligentes

Aqui, aprofundamos os modelos de previsão utilizando ML, DL e NN, fornecendo estudos de caso e perspectivas sobre a sua utilização em cidades inteligentes. É ilustrada a importância destes modelos na previsão de tendências urbanas, na análise de dados complexos e na otimização da tomada de decisões.

Capítulo 10: Desenvolvimento urbano baseado em dados em todo o mundo

Este capítulo apresenta uma panorâmica global, examinando a utilização de bases de dados relacionais e de IA no desenvolvimento urbano. Iremos explorar a transformação digital das cidades em diferentes continentes, destacando as principais tendências e avanços.

Capítulo 11: Conclusões e perspectivas

Por último, este capítulo consolidará os nossos resultados, tirando conclusões fundamentadas e abrindo perspectivas para o futuro do desenvolvimento urbano baseado em dados. Oferecerá uma visão abrangente e esclarecedora da evolução das nossas cidades no sentido da inteligência e da eficiência.

1.2 Conclusão

Este capítulo introdutório prepara o terreno para uma exploração aprofundada das cidades inteligentes, estabelecendo as bases para a viagem que se segue. Desde a visão holística das cidades inteligentes até estratégias e tecnologias específicas, cada capítulo abre caminho para descobertas mais profundas. As secções seguintes apresentam em pormenor o funcionamento da Modelação da Informação da Construção (BIM), a produção de dados, a cidade aumentada, a inteligência urbana, a inteligência artificial, a gestão de dados, os modelos de previsão e o estado atual do desenvolvimento urbano baseado em dados a nível mundial. Prepare-se para mergulhar no futuro das nossas cidades, onde todos os aspectos são esculpidos por dados e guiados pela inteligência.

Uma exploração detalhada de estudos de caso e aplicações práticas de conceitos de cidades inteligentes é apresentada num segundo livro, "Data-Driven Urban Development - Practical Applications" (Desenvolvimento Urbano Baseado em Dados - Aplicações Práticas), que fornece exemplos do mundo real e perspectivas sobre a implementação de tecnologias de cidades inteligentes. Por último, a maior parte das figuras deste livro são geradas com recurso a inteligência artificial e são selecionadas pelos autores para uma melhor compreensão.

Capítulo 2

Cidade inteligente: Conceito, principais elementos e estratégia

No centro da nossa exploração do desenvolvimento urbano baseado em dados, o primeiro capítulo mergulha-nos no mundo cativante das Cidades Inteligentes. O conceito de Cidade Inteligente vai muito para além da integração da tecnologia no espaço urbano; encarna uma revolução na forma como concebemos, experimentamos e vivemos as nossas cidades. Este capítulo tem como objetivo desmistificar esta noção, decompondo os seus elementos fundamentais, examinando a estratégia inovadora de Bruxelas e apresentando exemplos concretos de aplicações em todo o mundo.

Através de secções detalhadas, iremos explorar o conceito de Smart City, definindo os contornos desta revolução urbana. Ao mergulharmos nos elementos-chave que dão forma a uma Smart City, compreenderemos como a tecnologia, a conetividade e a recolha de dados convergem para criar ambientes urbanos dinâmicos e reactivos (Figura 2.1).

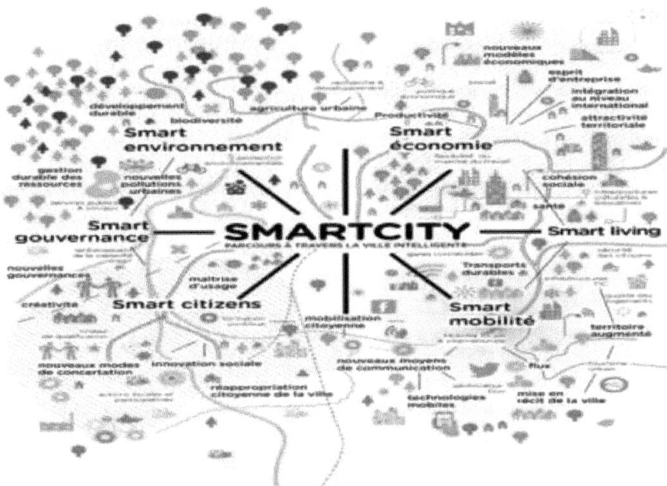

Figura 2.1: Conceito de cidade inteligente.

O leitor será guiado através da estratégia de Bruxelas, uma cidade em constante evolução que adoptou os avanços tecnológicos para melhorar a qualidade de vida dos seus cidadãos. Serão apresentados exemplos de utilização deste conceito em todo o mundo para ilustrar a diversidade de aplicações possíveis e inspirar ideias inovadoras.

No primeiro capítulo, examinaremos também a forma como o conceito de Smart City é aplicado em França, com iniciativas e aplicações concretas, bem como o seu impacto no mundo das Smart Cities, estes centros urbanos alimentados pelo poder dos dados, destacando as adaptações necessárias para responder às necessidades específicas destas regiões.

Descubra o conceito cativante, explore os principais elementos que moldam estas cidades do futuro e inspire-se na estratégia inovadora de Bruxelas. Exemplos de todo o mundo mostrar-lhe-ão como as Cidades Inteligentes transcendem as fronteiras, ultrapassando os limites do planeamento urbano.

2.1- Revisão da bibliografia

Uma Smart City, ou cidade inteligente, integra tecnologias inovadoras para otimizar a gestão urbana, melhorar a qualidade de vida dos cidadãos, otimizar os serviços urbanos e promover o desenvolvimento sustentável. Isto envolve a informação e a comunicação (TIC) e a utilização de dados e tecnologias para uma gestão mais eficiente dos recursos e das infra-estruturas.

O conceito de cidade inteligente evoluiu significativamente nos últimos anos, abrangendo um vasto espetro de definições, enquadramentos e abordagens estratégicas. Este capítulo investiga a intrincada tapeçaria do que constitui uma cidade inteligente, explorando os seus principais elementos e estratégias através de uma revisão abrangente da literatura pertinente.

2.1.1 - Definição de cidade inteligente

Um ponto de partida fundamental para compreender as cidades inteligentes é abordar as suas definições multifacetadas. Hollands (2008) faz uma análise crítica do conceito de cidade inteligente, questionando se estes desenvolvimentos urbanos são genuinamente inteligentes, progressivos ou meramente empresariais por natureza. Esta crítica realça a complexidade e a diversidade das iniciativas das cidades inteligentes, levando a uma maior exploração da essência destas transformações urbanas.

Caragliu, Del Bo e Nijkamp (2011) oferecem uma perspetiva mais focada, definindo as cidades inteligentes como aquelas que utilizam tecnologia inteligente para melhorar a qualidade de vida e o desempenho económico, assegurando simultaneamente a sustentabilidade. Esta definição sublinha o papel da tecnologia como um elemento central no desenvolvimento das cidades inteligentes.

2.1.2 - Quadros integrativos e modelos conceptuais

A evolução da investigação sobre cidades inteligentes levou ao desenvolvimento de vários quadros integradores. Chourabi et al. (2012) propõem um quadro abrangente que inclui oito factores críticos: gestão e organização, tecnologia, governação, contexto político, pessoas e comunidades, economia, infra-estruturas construídas e ambiente natural. Este modelo fornece uma visão holística, enfatizando a interação entre componentes tecnológicos e não tecnológicos no desenvolvimento de cidades inteligentes.

Nam e Pardo (2011) refinam ainda mais este entendimento ao conceptualizarem as cidades inteligentes através de três dimensões: tecnologia, pessoas e instituições. A sua abordagem realça a importância de considerar os factores humanos e institucionais a par dos avanços tecnológicos, assegurando uma compreensão mais abrangente e inclusiva da dinâmica das cidades inteligentes.

2.1.3 - Abordagens estratégicas e governação

A governação eficaz é uma pedra angular das iniciativas bem sucedidas das cidades inteligentes. Meijer e Bolívar (2016) analisam a literatura sobre governação urbana inteligente, identificando os principais modelos e estratégias de governação que as cidades utilizam para enfrentar os desafios de se tornarem inteligentes. As suas conclusões sugerem que as estruturas de governação adaptativas e participativas são cruciais para lidar com a natureza dinâmica e complexa das cidades inteligentes.

Anthopoulos (2017) apresenta uma perspetiva crítica sobre as motivações subjacentes às iniciativas de cidades inteligentes, questionando se estas servem como ferramentas genuínas para uma governação inteligente ou apenas como estratégias industriais para atrair investimento. Esta análise apela a uma abordagem cautelosa e reflexiva da implementação de projectos de cidades inteligentes, assegurando o seu alinhamento com objectivos societais mais amplos.

2.1.4 - Estudos de casos e aplicações práticas

A aplicação prática dos conceitos de cidade inteligente é ilustrada através de vários estudos de caso. Almirall, Wareham e Casas (2016) examinam a iniciativa de cidade inteligente de Barcelona, mostrando como a cidade integra a tecnologia para melhorar os serviços urbanos e o envolvimento dos cidadãos. O seu estudo destaca os desafios práticos e os sucessos da implementação de uma estratégia abrangente de cidade inteligente.

Vanolo (2014) critica a "smartmentalidade" que muitas vezes acompanha os projectos de cidades inteligentes, vendo-a como uma estratégia disciplinar que molda a governação urbana e o comportamento dos cidadãos. Esta perspetiva sublinha as implicações sociopolíticas das iniciativas de cidades inteligentes e a necessidade de um exame crítico dos seus impactos mais amplos.

2.1.5 - A evolução da investigação sobre as cidades inteligentes

Mora, Bolici e Deakin (2017) realizam uma análise bibliométrica das duas primeiras décadas de investigação sobre as cidades inteligentes, revelando tendências e padrões significativos neste domínio. O seu estudo fornece informações valiosas sobre o discurso académico em torno das cidades inteligentes, destacando áreas de consenso e debate em curso.

Boes, Buhalis e Inversini (2016) exploram o conceito de destinos turísticos inteligentes, demonstrando como os princípios das cidades inteligentes podem ser aplicados para aumentar a competitividade dos ecossistemas turísticos urbanos. Esta investigação alarga o discurso da cidade inteligente ao domínio do turismo, ilustrando a sua aplicabilidade mais ampla.

2.2 - Principais Elementos de uma Cidade Inteligente

Uma cidade inteligente integra a tecnologia em várias facetas da vida urbana para criar um ambiente urbano conectado, eficiente e sustentável. Estes elementos trabalham em conjunto para melhorar a qualidade de vida global dos residentes e contribuir para o desenvolvimento de uma cidade mais resiliente e reactiva.

Uma cidade inteligente engloba uma variedade de elementos destinados a tirar partido da tecnologia para melhorar a qualidade de vida dos seus residentes e melhorar a eficiência urbana global. Eis alguns elementos-chave:

2.2.1 Conectividade e redes:

Descrição: Uma cidade inteligente depende de uma infraestrutura sólida de tecnologias da informação e da comunicação (TIC) para facilitar a conetividade sem descontinuidades. Isto envolve Internet de alta velocidade, redes de comunicação e normas de interoperabilidade que permitem a comunicação entre várias entidades dentro da cidade, tais como cidadãos, dispositivos e serviços.

Importância: A conetividade constitui a espinha dorsal do funcionamento de outros elementos das cidades inteligentes, permitindo que os dados sejam transmitidos e recebidos em tempo real.

2.2.2 Recolha de dados

Descrição: As cidades inteligentes utilizam extensivamente sensores, dispositivos IoT e outras tecnologias de recolha de dados para recolher informações em tempo real sobre vários aspectos urbanos. Isto inclui dados sobre o fluxo de tráfego, a qualidade do ar, o consumo de energia, a gestão de resíduos e muito mais.

Importância: A recolha de dados constitui a base para a tomada de decisões orientada por dados, permitindo às autoridades municipais compreender as tendências, identificar problemas e otimizar a atribuição de recursos.

2.2.3 Inteligência Artificial

Descrição: A aplicação da Inteligência Artificial (IA) envolve a utilização de algoritmos avançados e de aprendizagem automática para analisar as grandes quantidades de dados recolhidos. A IA ajuda a fazer previsões, identificar padrões e otimizar processos para obter eficiência.

Importância: A IA permite que as cidades automatizem e racionalizem as operações, conduzindo a uma melhor gestão dos recursos, a melhores serviços públicos e a um melhor planeamento urbano global.

2.2.4 Gestão da energia

Descrição: As cidades inteligentes centram-se na utilização eficiente da energia e integram frequentemente fontes de energia renováveis. Isto inclui redes inteligentes, edifícios energeticamente eficientes e tecnologias que monitorizam e optimizam o consumo de energia.

Importância: A gestão da energia contribui para os objectivos de sustentabilidade, reduz o impacto ambiental e assegura uma infraestrutura energética mais fiável e resistente.

2.2.5 Mobilidade inteligente

Descrição: Os sistemas de transporte inteligentes utilizam a tecnologia para otimizar o fluxo de tráfego, reduzir o congestionamento e melhorar a mobilidade geral. Isto envolve tecnologias como semáforos inteligentes, localização de transportes públicos em tempo real e a promoção de opções de transporte sustentáveis.

Importância: A mobilidade inteligente melhora a eficiência dos transportes, reduz as emissões e melhora a experiência global de deslocação dos residentes.

2.2.6 Participação dos cidadãos

Descrição: As plataformas e tecnologias digitais são utilizadas para envolver os cidadãos nos processos de tomada de decisão, recolher feedback e envolvê-los no desenvolvimento e melhoria dos serviços urbanos.

Importância: A participação dos cidadãos fomenta o sentido de comunidade, assegura que o planeamento urbano reflecte as necessidades reais e promove a transparência na governação.

2.3 - Estratégia de Bruxelas

Bruxelas, tal como outras cidades do mundo, adopta estratégias específicas para aplicar estes conceitos nas suas políticas urbanas (Figura 2.2).

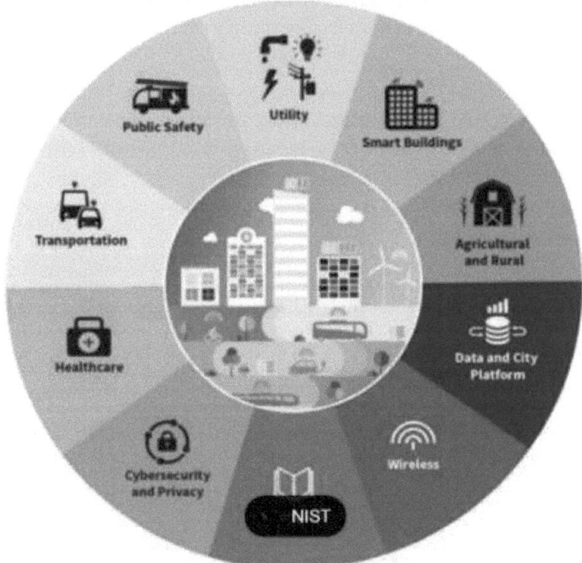

Figura 2.2: Smart City - Estratégia de Bruxelas.

Esta cidade, enquanto região urbana, adoptou uma estratégia para se tornar uma Smart City. Esta estratégia inclui:

1. **Infra-estruturas digitais:** Desenvolvimento de infra-estruturas TIC para uma conetividade eficiente.

2. **Mobilidade sustentável:** Promoção de modos de transporte sustentáveis, integração de soluções de mobilidade inteligentes.
3. **Serviços públicos digitais:** Transformação dos serviços públicos através da tecnologia digital para uma melhor acessibilidade.
4. **Participação dos cidadãos:** Incentivar a participação dos cidadãos através de plataformas em linha.

2.4 - Exemplos de utilização do conceito de cidade inteligente

2.4.1 - O conceito de cidade inteligente no mundo

Em todo o mundo, estas cidades exemplificam o estado da arte em diversas aplicações de conceitos de cidades inteligentes para melhorar a vida urbana.

1. **Singapura:** Utilização de sensores para monitorizar a qualidade do ar, gestão inteligente dos resíduos e sistemas de transporte.
2. **Barcelona, Espanha:** Instalação de candeeiros de rua inteligentes para poupar energia, monitorização dos locais de estacionamento e utilização de sensores para a gestão do parque.
3. **Copenhaga, Dinamarca:** Integração de soluções inteligentes para promover o uso da bicicleta, otimização dos semáforos e desenvolvimento de infra-estruturas energéticas inteligentes.
4. **Tóquio, Japão:** Utilização da tecnologia para a gestão de catástrofes, monitorização em tempo real dos transportes e dados meteorológicos.

2.4.2 -França: Aplicações e iniciativas

A França está ativamente empenhada no desenvolvimento de Smart Cities, integrando tecnologias inovadoras para melhorar a qualidade de vida dos cidadãos, otimizar a gestão urbana e promover a sustentabilidade. Eis alguns exemplos de aplicações e iniciativas Smart City em França:

1. Nice, a cidade conectada

Aplicações práticas: Nice posicionou-se como uma "Cidade Conectada" através da implementação de várias aplicações tecnológicas. Estas incluem a gestão inteligente do estacionamento, sistemas de iluminação pública adaptáveis e recolha inteligente de resíduos.

Transportes inteligentes: A Nice investiu em soluções de transporte inteligentes, como aplicações móveis para planeamento de rotas, estações de partilha de bicicletas e veículos eléctricos partilhados.

2. Cidade inteligente de Lyon

Gestão da energia: Lyon implementou projectos destinados a otimizar o consumo de energia, nomeadamente a gestão inteligente da iluminação pública e dos edifícios municipais.

Dados abertos: Lyon adoptou uma política de dados abertos, incentivando a transparência e a participação dos cidadãos. Os dados abertos são utilizados para desenvolver aplicações que melhoram a vida quotidiana dos cidadãos.

3. **Paris inteligente e sustentável**

Rede urbana de calor: Paris criou uma rede inteligente de calor urbano para otimizar a distribuição de energia térmica, reduzindo assim as emissões de carbono.

Iluminação pública conectada: Foram lançadas iniciativas como a iluminação pública conectada para ajustar a intensidade da luz de acordo com as necessidades, melhorando a eficiência energética.

4. **Bordeaux Smart Metropolis**

Mobilidade sustentável: Bordéus está a implementar soluções de mobilidade sustentável, incluindo transportes públicos inteligentes, bicicletas eléctricas self-service e aplicações para facilitar a mobilidade.

Redes inteligentes: A metrópole de Bordéus está a investir em redes eléctricas inteligentes (Smart Grids) para uma distribuição de energia mais eficiente e uma melhor gestão dos picos de procura.

5. **Estrasburgo 2030**

Veículos eléctricos: Estrasburgo está a avançar para a eletrificação dos transportes através da criação de estações de carregamento para veículos eléctricos e frotas de transportes públicos ecológicos.

Inovação digital: Estrasburgo posiciona-se como uma cidade pioneira na inovação digital, incentivando as empresas em fase de arranque e as iniciativas relacionadas com a tecnologia.

Estes exemplos ilustram como a França está a integrar o conceito de Smart City através de várias iniciativas destinadas a criar cidades mais conectadas, sustentáveis e centradas nas necessidades dos cidadãos. Estes projectos demonstram o compromisso contínuo com a inovação urbana para melhorar a qualidade de vida.

2.4.3 - Brasil e América do Sul

Os países da América do Sul, incluindo o Brasil, estão adotando cada vez mais o conceito de Smart City para melhorar a qualidade de vida dos cidadãos, fortalecer a sustentabilidade urbana e otimizar a gestão de recursos. Veja a seguir alguns exemplos de aplicações e iniciativas na região:

1. **São Paulo Cidade Linda (Brasil)**

Gestão de tráfego: São Paulo utiliza tecnologias inteligentes para a gestão do tráfego, incluindo sistemas de monitorização em tempo real e aplicações para informar os cidadãos sobre as condições do tráfego.

Recolha de resíduos: Foram postas em prática iniciativas inteligentes de recolha de resíduos para otimizar as rotas dos camiões, reduzindo assim os custos e o impacto ambiental.

2. Cidade Inteligente de Medellín (Colômbia)

Inclusão digital: Medellín desenvolveu programas destinados a promover a inclusão digital, oferecendo acesso gratuito à Internet em espaços públicos e desenvolvendo aplicações para facilitar a vida quotidiana.

Mobilidade urbana: Os projectos de mobilidade inteligente, como os sistemas de transportes públicos conectados, foram implementados para melhorar a eficiência das viagens.

3. Cidade Inteligente de Buenos Aires (Argentina)

Iluminação pública inteligente: Buenos Aires investiu em soluções inteligentes de iluminação pública, ajustando automaticamente a intensidade da luz de acordo com as necessidades, contribuindo assim para a eficiência energética.

Aplicações para cidadãos: Foram desenvolvidas aplicações móveis para permitir que os cidadãos comuniquem problemas urbanos, promovendo assim a participação dos cidadãos.

4. Cidade inteligente de Quito (Equador)

Segurança dos cidadãos: Os sistemas de vigilância inteligentes são utilizados para reforçar a segurança urbana, com câmaras ligadas e análise de dados em tempo real.

Espaços urbanos sustentáveis: Quito está empenhada em projectos de desenvolvimento sustentável, integrando espaços verdes e tecnologias para uma coabitação harmoniosa com o ambiente.

5. Montevideo Cidade Inteligente (Uruguai)

Tecnologia da saúde: Montevideu explora a utilização de tecnologias inteligentes nos cuidados de saúde, incluindo aplicações de rastreio da saúde e serviços de telemedicina.

Educação conectada: Foram lançadas iniciativas de educação conectada, utilizando tecnologias para melhorar o acesso à educação e incentivar a aprendizagem digital.

Esses exemplos demonstram como as cidades da América do Sul, incluindo o Brasil, estão integrando o conceito de Cidade Inteligente para resolver problemas urbanos específicos, melhorar a eficiência dos serviços públicos e fortalecer o envolvimento dos cidadãos. Essas iniciativas ajudam a criar ambientes urbanos mais sustentáveis, inclusivos e conectados (Figura 2.3).

Figura 2.3: Redes - Cidades e edifícios inteligentes.

2.5 - Conclusão

O conceito de cidade inteligente é complexo e está a evoluir. Engloba uma série de definições, enquadramentos e abordagens estratégicas que, coletivamente, visam melhorar a vida urbana através da tecnologia. A literatura analisada fornece uma panorâmica abrangente dos principais elementos e estratégias das cidades inteligentes, salientando a importância de quadros integradores, de uma governação eficaz e de aplicações práticas. À medida que a investigação sobre as cidades inteligentes continua a evoluir, é crucial manter uma perspetiva equilibrada que considere as dimensões tecnológica, humana e institucional. Esta abordagem holística será vital para o desenvolvimento sustentável e inclusivo das cidades inteligentes no futuro.

Em conclusão, este primeiro capítulo oferece um mergulho profundo e cativante no mundo das Cidades Inteligentes. Ao definir o conceito, explorar os principais elementos e analisar a estratégia de Bruxelas, lançámos as bases para os capítulos seguintes. Estas reflexões e exemplos concretos servirão de base sólida para a nossa exploração subsequente da Modelação da Informação da Construção (BIM), da produção de dados, da cidade aumentada, da inteligência urbana, da inteligência artificial, da gestão de dados, dos modelos de previsão e do panorama global do desenvolvimento urbano baseado em dados. Prepare-se para uma viagem fascinante pelas ruas digitais das cidades do futuro.

2.6 - Referências

1. **Hollands, R. G. (2008).** "A verdadeira cidade inteligente pode levantar-se? Inteligente, progressista ou empreendedora?" *City*, 12(3), 303-320.
2. **Caragliu, A., Del Bo, C., Nijkamp, P. (2011).** "Cidades inteligentes na Europa". *Journal of Urban Technology*, 18(2), 65-82.

3. **Chourabi, H., Nam, T., Walker, S., Gil-Garcia, J. R., Mellouli, S., Nahon, K., Scholl, H. J. (2012).** "Compreender as cidades inteligentes: Uma estrutura integrativa". *2012 45ª Conferência Internacional do Hawaii sobre Ciências do Sistema*, 2289-2297.

4. **Nam, T., Pardo, T. A. (2011).** "Conceptualizing smart city with dimensions of technology, people, and institutions." *Actas da 12.ª Conferência Internacional Anual de Investigação sobre Governo Digital: Digital Government Innovation in Challenging Times*, 282-291.

5. **Mora, L., Bolici, R., Deakin, M. (2017).** "As primeiras duas décadas de pesquisa em cidades inteligentes: Uma análise bibliométrica". *Journal of Urban Technology*, 24(1), 3-27.

6. **Anthopoulos, L. G. (2017).** "Compreender as cidades inteligentes: Uma ferramenta para um governo inteligente ou um truque industrial?" *Administração Pública e Tecnologia da Informação*. Springer.

7. **Meijer, A., Bolívar, M. P. R. (2016).** "Governando a cidade inteligente: uma revisão da literatura sobre governança urbana inteligente". *Revista Internacional de Ciências Administrativas*, 82(2), 392-408.

8. **Almirall, E., Wareham, J., Casas, R. (2016).** "Uma iniciativa de cidade inteligente: o caso de Barcelona". *Journal of the Knowledge Economy*, 7(2), 1-19.

9. **Vanolo, A. (2014).** "Smartmentality: A cidade inteligente como estratégia disciplinar". *Urban Studies*, 51(5), 883-898.

10. **Boes, K., Buhalis, D., Inversini, A. (2016).** "Destinos turísticos inteligentes: ecossistemas para a competitividade do destino turístico". *International Journal of Tourism Cities*, 2(2), 108-124.

Capítulo 3

Modelação da Informação da Construção (BIM)

O BIM, "Building Information Modeling", é um novo método de gestão de projectos de construção, baseado num modelo digital 3D que contém dados fiáveis e estruturados. Dependendo do contexto, o M de BIM pode corresponder a:

1. **Modelo:** Modelo ou modelo digital (MN)
2. **Modelação:** Modelação das regras de criação, transmissão e utilização de dados.
3. **Gestão:** Gestão dos fluxos de dados e da organização dos intervenientes no projeto.

Mais concretamente, o BIM pode ser definido como uma abordagem colaborativa para a gestão de um projeto de construção em torno de um modelo digital capaz de abranger todo o ciclo de vida do projeto (Figura 3.1).

Figura 3.1: Definição de BIM.

3.1 Revisão da bibliografia

A Modelação da Informação da Construção (BIM) tornou-se uma abordagem transformadora na indústria da arquitetura, engenharia e construção (AEC), conduzindo a mudanças significativas na forma como os projectos são concebidos, construídos e geridos. Este capítulo explora os aspectos fundamentais, os benefícios, os desafios e as orientações futuras do BIM através de uma análise exaustiva da literatura existente.

3.1.1- Fundamentos e enquadramento do BIM

O BIM é definido como uma representação digital das caraterísticas físicas e funcionais de uma instalação. Tal como descrito em pormenor por Eastman et al. (2011) no "Manual BIM", o BIM funciona como um recurso de conhecimento partilhado para informações sobre uma instalação, constituindo uma base fiável para a tomada de decisões durante o seu ciclo de vida, desde o início. Este guia é um texto fundamental que fornece uma panorâmica abrangente do BIM a várias partes interessadas do sector da AEC.

Succar (2009) apresenta um quadro BIM estruturado que descreve os principais componentes e fases necessários para a implementação efectiva do BIM. Este quadro fornece uma base de investigação e fornecimento para as partes interessadas da indústria, realçando o desenvolvimento sistemático e a integração dos processos BIM na indústria AEC.

3.1.2 - Adoção e aplicação

A adoção do BIM na indústria AEC é influenciada por vários factores. Gu e London (2010) examinam os obstáculos e facilitadores da adoção do BIM, destacando a importância da preparação organizacional e o papel das normas da indústria. O seu estudo sublinha a necessidade de compreender a dinâmica sociotécnica que influencia a adoção do BIM.

Jung e Joo (2011) fornecem um quadro prático do BIM com o objetivo de facilitar a sua implementação. A sua investigação salienta a necessidade de orientações claras e de passos práticos para integrar o BIM nas práticas de construção quotidianas, assegurando que os aspectos técnicos e de gestão são abordados.

Khosrowshahi e Arayici (2012) propõem um roteiro para a implementação do BIM na indústria da construção do Reino Unido, delineando acções estratégicas e fases de adoção. O seu roteiro é valioso para compreender o processo passo-a-passo necessário para a transição para o BIM, incluindo a formação, a normalização e a gestão da mudança.

3.1.3 - Benefícios e desafios

As vantagens do BIM são múltiplas, incluindo a melhoria da colaboração, o aumento da eficiência e a melhoria dos resultados dos projectos. Azhar (2011) discute estes benefícios em pormenor, ao mesmo tempo que aborda os riscos e desafios associados à adoção do BIM. O seu trabalho oferece uma visão equilibrada, reconhecendo o potencial do BIM para revolucionar a indústria da AEC, ao mesmo tempo que destaca os obstáculos que têm de ser ultrapassados.

Miettinen e Paavola (2014) adoptam uma abordagem crítica, ultrapassando a utopia do BIM para explorar abordagens práticas ao seu desenvolvimento e implementação. Salientam que, embora o BIM seja muito promissor, o seu sucesso depende de abordagens realistas e pragmáticas adaptadas às necessidades e contextos específicos dos projectos.

3.1.4 - BIM para edifícios existentes

Volk, Stengel e Schultmann (2014) centram-se na aplicação do BIM a edifícios existentes, uma área que tem recebido cada vez mais atenção. A sua revisão da literatura identifica o estado atual do BIM para estruturas existentes e descreve as necessidades de investigação futuras, salientando a importância de alargar os benefícios do BIM à renovação e manutenção de activos existentes.

3.1.5 - Tendências emergentes e orientações futuras

O futuro do BIM é moldado pelas tendências emergentes e pela investigação em curso. Becerik-Gerber e Kensek (2010) exploram estas direcções emergentes, destacando a integração do BIM com outras tecnologias avançadas, como a realidade aumentada (RA) e a Internet das Coisas (IoT). A sua investigação indica que a convergência destas tecnologias com o BIM irá melhorar ainda mais as suas capacidades e aplicações.

Aranda-Mena et al. (2009) desmistificam o BIM avaliando o seu valor comercial e os seus benefícios práticos. Argumentam que, embora a adoção do BIM exija um investimento significativo, os benefícios a longo prazo em termos de eficiência, poupança de custos e melhores resultados dos projectos justificam fortemente a sua adoção.

3.2 Conceito BIM numa cidade inteligente

O BIM, no contexto de uma Smart City, é uma metodologia de modelação digital que integra informação detalhada sobre edifícios e infra-estruturas. Promove a colaboração entre as partes interessadas ao longo do ciclo de vida de um projeto, desde a conceção até à gestão e manutenção. É uma abordagem que integra modelos digitais tridimensionais e informações detalhadas sobre edifícios e infra-estruturas (Figura 3.2).

A integração do BIM numa Smart City visa otimizar o planeamento, a construção, a gestão e a manutenção das estruturas urbanas, utilizando dados e modelos digitais colaborativos que permitem uma gestão urbana mais eficiente. Oferece vantagens significativas em termos de planeamento urbano, construção e gestão. Em França, o BIM é cada vez mais utilizado em grandes projectos urbanos, demonstrando o seu papel central no desenvolvimento inteligente das cidades.

3.2.1 Principais elementos do BIM numa cidade inteligente

A Modelação da Informação da Construção (BIM) desempenha um papel crucial no desenvolvimento e gestão das Cidades Inteligentes. A integração do BIM num quadro de Smart City permite uma abordagem holística do planeamento, construção e gestão, promovendo a colaboração, a tomada de decisões baseada em dados (eficiência) e o desenvolvimento sustentável (Figura 3.3). Segue-se uma análise dos principais elementos do BIM numa Smart City:

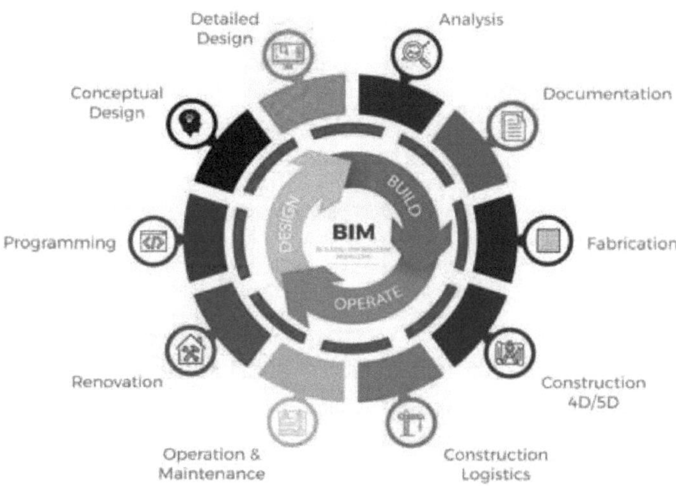

Figura 3.2: Soluções digitais dedicadas ao BIM.

1. Modelação 3D colaborativa

Descrição: A modelação 3D colaborativa envolve a criação de uma representação digital das infra-estruturas, edifícios e bens da cidade num ambiente tridimensional.

Importância: Facilita a colaboração entre várias partes interessadas, fornecendo uma plataforma partilhada para arquitectos, engenheiros, urbanistas e outros profissionais trabalharem em conjunto, visualizarem projectos e identificarem potenciais problemas.

2. Gestão do ciclo de vida

Descrição: Integração de informação sobre todo o ciclo de vida dos edifícios e infra-estruturas, desde a conceção até à demolição. Permite a Gestão do Ciclo de Vida e envolve a gestão abrangente de activos e infra-estruturas desde as fases iniciais de planeamento e conceção até à construção, operação e eventual desativação.

Importância: O BIM permite a atualização contínua da informação ao longo do ciclo de vida dos activos, apoiando uma melhor tomada de decisões, o planeamento da manutenção e a otimização dos custos.

3. Base de dados central

Descrição: Uma base de dados central permite o armazenamento centralizado de dados relacionados com edifícios e infra-estruturas, permitindo um acesso fácil à informação, e serve de repositório para toda a informação relacionada com o BIM, assegurando que todas as partes interessadas têm acesso aos dados mais actualizados.

Importância: Promove a consistência dos dados, reduz a redundância e permite a colaboração em tempo real, fornecendo uma única fonte de verdade para todas as informações relacionadas com o projeto.

4. Análise de dados

Descrição: O BIM permite a análise de vários conjuntos de dados relacionados com as infra-estruturas da cidade, o desempenho e o comportamento dos utilizadores. Utilizar os dados BIM para análises preditivas, melhorando a tomada de decisões ao longo do ciclo de vida do projeto.

Importância: A análise de dados ajuda a tomar decisões informadas, a otimizar a atribuição de recursos e a identificar áreas de melhoria em termos de eficiência, sustentabilidade e experiência do utilizador. Utilizar dados BIM para análises preditivas, melhorando a tomada de decisões ao longo do ciclo de vida do projeto.

5. Coordenação

Descrição: Utilização do BIM para facilitar a coordenação entre profissionais de diferentes disciplinas (arquitetura, engenharia e construção) envolvidos na construção e na gestão urbana. A coordenação envolve a sincronização de diferentes disciplinas, como a arquitetura, a engenharia e a construção, para garantir uma integração perfeita e minimizar os choques ou conflitos.

Importância: O BIM facilita a coordenação interdisciplinar, reduzindo os erros e os conflitos durante as fases de conceção e construção, conduzindo, em última análise, a melhores resultados do projeto.

6. Dados geoespaciais

Descrição: A integração de dados geoespaciais envolve a combinação de modelos BIM com sistemas de informação geográfica (SIG) para incorporar informações baseadas na localização. Permite a integração de dados geoespaciais para a localização exacta de elementos urbanos no modelo.

Importância: Melhora a compreensão do contexto espacial da cidade, ajudando a melhorar o planeamento, a análise e a tomada de decisões no que diz respeito à utilização do solo, à colocação de infra-estruturas e a considerações ambientais.

7. Manutenção Preditiva

Descrição: Utilização de dados BIM para a integração de informações sobre a manutenção e o ciclo de vida completo dos elementos urbanos para uma gestão optimizada, permitindo antecipar as necessidades de manutenção, reduzindo os custos e melhorando a eficiência. Utiliza dados de modelos BIM para prever e programar actividades de manutenção com base no estado e no desempenho previstos dos activos.

Importância: Este elemento ajuda a otimizar os custos de manutenção, prolongando a vida útil da infraestrutura e reduzindo a probabilidade de falhas inesperadas, contribuindo para a sustentabilidade e resiliência globais da Cidade Inteligente.

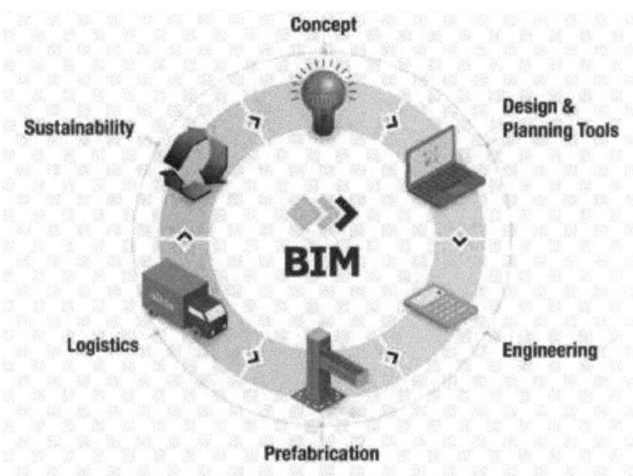

Figura 3.3: Principais elementos do BIM numa cidade inteligente.

3.3 Estratégia de construção digital para BIM

Bruxelas promove a adoção generalizada do BIM em projectos de construção urbana para uma gestão mais eficiente e um planeamento sustentável (Figura 3.4).

Figura 3.4: Estratégia de construção digital para o BIM.

A estratégia de Construção Digital ilustra o compromisso com a adoção do BIM, alinhado com as tendências globais em que muitas cidades estão a utilizar esta abordagem para transformar as suas paisagens urbanas, permitindo uma melhor coordenação e planeamento com os objectivos:

1. **Formação e sensibilização:** Investimento na formação de profissionais da construção para reforçar as competências e a utilização correta do BIM.
2. **Integração de dados urbanos:** Integração do BIM com outros dados urbanos para criar uma visão holística e digital completa da cidade.

3.4 A utilização do BIM - Exemplos

3.4.1 Aplicações em França

O BIM é uma abordagem colaborativa baseada na criação e utilização de uma representação digital das caraterísticas físicas e funcionais de um edifício ou de uma infraestrutura. Eis alguns exemplos de aplicações e iniciativas relacionadas com o BIM em França.

3.4.1.1 O projeto Grand Paris

O projeto Grand Paris é uma iniciativa destinada a transformar a região metropolitana de Paris numa metrópole global mais competitiva, atractiva e sustentável. Um dos aspectos fundamentais deste projeto é a extensão da rede de transportes públicos para melhorar a mobilidade dos residentes e facilitar as deslocações na região, utilizando o BIM para o planeamento e a construção de novas infra-estruturas (Figura 3.5).

Figura 3.5: Grand Paris Express.

O BIM é uma abordagem colaborativa que utiliza modelos digitais 3D para planear, conceber, construir e gerir infra-estruturas. No contexto do projeto Grand Paris, o BIM é utilizado para o planeamento e a construção de novas infra-estruturas de transportes públicos, tais como linhas de metro, estações e outros elementos da rede. Os elementos-chave da integração do BIM no projeto Grand Paris são

1. **Planeamento colaborativo:** O BIM permite que todos os intervenientes no projeto, incluindo engenheiros, arquitectos, projectistas e autoridades públicas, colaborem eficazmente. Os modelos digitais fornecem uma representação visual detalhada de todos os componentes do projeto, facilitando a tomada de decisões informadas e a coordenação entre equipas.

2. **Otimização do design:** Os modelos BIM permitem explorar diferentes opções de design antes da construção efectiva. Isto torna possível otimizar as escolhas arquitectónicas e técnicas, tendo em conta critérios como a durabilidade, a eficiência energética e a facilidade de manutenção.

3. **Gestão da informação:** O BIM cria uma base de dados rica em informações sobre cada elemento do projeto. Isto inclui pormenores sobre os materiais utilizados, especificações técnicas, calendários de construção, etc. Esta base de dados facilita a gestão do projeto ao longo do seu ciclo de vida.

4. **Construção virtual:** Antes de iniciar a construção física, o BIM permite efetuar uma construção virtual. Isto ajuda a detetar e resolver potenciais conflitos entre diferentes partes do projeto, minimizando atrasos e custos imprevistos.

5. **Manutenção e gestão pós-construção:** Uma vez construída a infraestrutura, o BIM continua a ser útil para a gestão e manutenção. Os modelos digitais podem ser actualizados para refletir as alterações ao longo do tempo, facilitando a gestão de activos a longo prazo.

Ao integrar o BIM no projeto Grand Paris, os projectistas e construtores podem beneficiar de uma abordagem mais eficiente, colaborativa e sustentável, contribuindo para o sucesso global da extensão da rede de transportes públicos na região metropolitana.

3.4.1.2 Estádio Velódromo de Marselha

A renovação do Stade Velodrome em Marselha é um projeto emblemático que foi realizado utilizando o BIM para assegurar uma coordenação eficaz entre as diferentes equipas envolvidas no processo de renovação (Figura 3.6).

Figura 3.6: Velódromo de Stade.

Seguem-se alguns pontos-chave sobre a forma como o BIM foi utilizado neste projeto específico:

1. **Melhoria da colaboração:** O BIM permitiu uma colaboração mais estreita entre arquitectos, engenheiros, empreiteiros, subempreiteiros e outras partes interessadas envolvidas na renovação do Stade Velodrome. Os modelos BIM serviram de plataforma comum onde todas as equipas puderam partilhar informações em tempo real, promovendo uma comunicação mais fluida e uma melhor compreensão dos requisitos do projeto.
2. **Modelação pormenorizada:** O BIM permitiu criar modelos digitais detalhados do estádio, integrando informações sobre a estrutura existente, os sistemas mecânicos e eléctricos, os elementos arquitectónicos, etc. Estes modelos serviram de referência centralizada para todas as equipas, evitando assim erros de comunicação e garantindo uma visão comum do projeto.
3. **Coordenação espacial:** Graças à modelação 3D, o BIM facilitou a coordenação espacial entre os diferentes elementos do projeto. Ajudou a detetar potenciais conflitos ou colisões entre diferentes partes da estrutura antes do início da construção efectiva, ajudando a minimizar os atrasos e os custos imprevistos.
4. **Gestão do calendário:** O BIM foi utilizado para simular virtualmente o processo de construção, o que ajudou a otimizar o calendário, identificando as fases críticas, evitando sobreposições e assegurando um progresso eficiente do projeto.
5. **Gestão de custos:** Ao integrar informações detalhadas sobre os custos dos materiais, mão de obra e outros recursos, o BIM facilitou a gestão dos custos do projeto. As equipas puderam ter uma visão clara das implicações financeiras das diferentes decisões ao longo do processo de renovação.
6. **Manutenção e exploração:** Após a renovação, os modelos BIM continuaram a ser úteis para a gestão, manutenção e funcionamento do estádio. Proporcionaram uma base de dados actualizada sobre a estrutura, facilitando as operações de manutenção e permitindo actualizações contínuas.

A utilização do BIM na renovação do Stade Velodrome em Marselha permitiu uma coordenação eficaz das equipas, uma gestão optimizada do projeto e uma melhor qualidade global da construção. Esta abordagem demonstrou as vantagens do BIM no domínio da construção, nomeadamente em projectos de grande envergadura como a renovação de estádios.

3.4.1.3 O dossel dos Halles, Paris

La Canopée des Halles, em Paris, é um grande projeto de renovação do complexo comercial Les Halles, situado no coração da capital francesa. A utilização do BIM desempenhou um papel essencial na conceção e renovação deste local emblemático (Figura 3.7). Seguem-se alguns pontos-chave sobre a forma como o BIM foi integrado neste projeto:

1. **Modelação pormenorizada da estrutura existente:** O BIM permitiu a criação de modelos digitais pormenorizados da estrutura existente do complexo Les Halles. Estes modelos integraram informações precisas sobre a geometria, a estrutura, os sistemas mecânicos e eléctricos e outros elementos essenciais.
2. **Coordenação entre diferentes actores:** La Canopée des Halles envolveu várias partes interessadas, incluindo arquitectos, engenheiros, empreiteiros e outros profissionais. O BIM serviu de plataforma de colaboração, permitindo que todas estas equipas trabalhassem em conjunto e de forma sincronizada. Isto promoveu uma melhor

coordenação entre as disciplinas, minimizando assim o risco de conflitos durante a fase de construção.

3. **Visualização 3D para comunicação:** Os modelos BIM permitiram a visualização 3D do projeto, facilitando a comunicação entre as diferentes partes interessadas e permitindo uma compreensão mais clara das intenções do projeto. Isto ajudou a reduzir os mal-entendidos e a garantir que todas as equipas partilhavam uma visão comum do projeto.
4. **Deteção de conflitos:** O BIM foi utilizado para detetar possíveis conflitos entre diferentes partes do projeto antes do início da construção. Esta deteção precoce de potenciais colisões permitiu evitar atrasos e custos adicionais associados a correcções durante a construção.
5. **Otimização do design:** Os modelos BIM tornaram possível explorar diferentes opções de design e simular virtualmente o impacto dessas escolhas. Isto ajudou a otimizar a conceção do complexo Les Halles, tendo em conta factores como a luminosidade, a eficiência energética e a estética arquitetónica.
6. **Gestão do estaleiro:** O BIM foi também utilizado para a gestão do estaleiro. Os modelos forneceram informações precisas sobre o calendário de construção, as quantidades de materiais necessários e outros aspectos relacionados com a realização física do projeto.

Figura 3.7: O dossel dos Halles.

A utilização do BIM na conceção e renovação do Canopée des Halles em Paris permitiu uma gestão mais eficiente do projeto, melhorando a colaboração entre as equipas e contribuindo para a qualidade global do projeto. Esta abordagem demonstrou como o BIM pode ser uma ferramenta poderosa para projectos de renovação complexos, facilitando a coordenação, a comunicação e a tomada de decisões informadas.

3.4.1.4 Projeto Europa City, Île-de-France

A Cidade Europa era um projeto de desenvolvimento urbano situado na região de Île-de-France, em França. Inicialmente planeado para ser construído no triângulo de Gonesse, entre os aeroportos de Roissy-Charles-de-Gaulle e Le Bourget, o projeto visava criar um destino multifuncional, combinando lojas, lazer, cultura e espaços verdes (Figura 3.8).

Figura 3.8: Projeto Europa City, Île-de-France.

O BIM foi integrado no planeamento e coordenação das infra-estruturas do projeto Europa City. O BIM é uma abordagem digital colaborativa que permite criar, gerir e partilhar informações sobre um projeto de construção ao longo do seu ciclo de vida, desde a conceção até à demolição. Eis como o BIM poderia ter sido utilizado no contexto da Cidade Europa:

1. **Conceção colaborativa**: As equipas envolvidas na conceção da Europa City, como arquitectos, engenheiros e urbanistas, puderam utilizar modelos BIM para criar uma representação digital detalhada de todo o projeto. Isto facilitou a colaboração e a comunicação entre os diferentes actores.
2. **Gestão da informação:** O BIM permite a consolidação de diversas informações relacionadas com diferentes aspectos do projeto, incluindo aspectos arquitectónicos, estruturais, mecânicos e eléctricos. Esta centralização da informação contribui para uma gestão mais eficiente e precisa do projeto.
3. **Coordenação das infra-estruturas:** Dada a complexidade da Europa City, com as suas várias funcionalidades (comércio, lazer, espaços verdes), o BIM teria sido útil para coordenar as múltiplas infra-estruturas envolvidas. Teria permitido detetar e resolver potenciais conflitos entre as diferentes componentes do projeto, mesmo antes do início da construção.

4. **Visualização e simulação:** O BIM oferece a capacidade de visualizar o projeto em 3D, o que pode ajudar as partes interessadas a compreender melhor o impacto visual e espacial do desenvolvimento urbano. Além disso, podem ser efectuadas simulações para avaliar a eficiência energética, o fluxo de tráfego e outros aspectos fundamentais.

No entanto, é importante notar que o projeto da Cidade Europa foi cancelado em 2020 devido a razões políticas e ambientais. O governo francês decidiu não continuar o desenvolvimento deste projeto, apesar dos esforços já investidos no seu plano de conceção.

3.4.2 Exemplos de utilização do BIM em todo o mundo

Seguem-se alguns exemplos de aplicações e iniciativas ligadas à abordagem colaborativa BIM em todo o mundo:

3.4.2.1 Planeamento urbano com recurso ao BIM no Reino Unido

A utilização do BIM em Londres, no Reino Unido, para o planeamento urbano, a construção sustentável e a gestão de infra-estruturas é um exemplo de como esta tecnologia pode ser integrada no sector da construção e do planeamento urbano para melhorar a eficiência e a sustentabilidade dos projectos (Figura 3.9).

Figura 3.9: A utilização do BIM em Londres, Reino Unido, para o planeamento urbano.

Londres utiliza amplamente o BIM para otimizar o planeamento urbano, promover a construção sustentável e facilitar a gestão eficiente das infra-estruturas ao longo do seu ciclo de vida. Eis como o BIM poderia ter sido utilizado no Reino Unido:

1. **Planeamento urbano:** Em Londres, o BIM é frequentemente utilizado no planeamento urbano para criar modelos digitais detalhados de bairros ou áreas específicas. Estes modelos podem incluir informações sobre todo o ambiente construído, topografia, redes de transportes, espaços verdes, etc. Isto permite que os planeadores urbanos visualizem o potencial impacto de um desenvolvimento no ambiente existente, analisem os fluxos de tráfego, avaliem as necessidades de infra-estruturas e tomem decisões mais informadas.

2. **Construção sustentável:** O BIM é uma ferramenta valiosa para a construção sustentável em Londres. Os modelos BIM podem incorporar informações sobre o desempenho energético, materiais sustentáveis, gestão da água e outros aspectos ambientais. Isto permite aos arquitectos e engenheiros conceber edifícios mais ecológicos, optimizando a utilização dos recursos, reduzindo os resíduos de construção e promovendo a eficiência energética.

3. **Gestão de infra-estruturas:** Depois de os projectos estarem construídos, o BIM continua a ser útil para a gestão de infra-estruturas. Os modelos BIM podem ser utilizados para documentar e armazenar informações sobre componentes de edifícios e infra-estruturas, facilitando a manutenção, reparações e renovações. Os gestores de infra-estruturas podem aceder a dados em tempo real sobre o estado dos activos, optimizando assim o planeamento da manutenção preventiva.

4. **Colaboração interdisciplinar:** O BIM promove a colaboração entre as diferentes partes interessadas de um projeto, incluindo arquitectos, engenheiros, empreiteiros, urbanistas e autoridades locais. Isto permite uma comunicação mais fluida e uma compreensão partilhada dos objectivos do projeto, reduzindo os erros e os atrasos.

5. **Visualização e comunicação:** O BIM facilita a visualização dos projectos, o que é particularmente útil para a comunicação com o público e as partes interessadas. Os modelos 3D realistas podem ser utilizados para apresentar planos de uma forma mais acessível, permitindo que todos compreendam o impacto de um projeto no seu ambiente.

3.4.2.2 Melhoria da gestão dos espaços urbanos em Singapura com recurso ao BIM

A integração do conceito BIM no desenvolvimento de bairros inteligentes em Singapura é um exemplo de como a tecnologia pode ser utilizada para melhorar a gestão dos espaços urbanos. Singapura é conhecida pelo seu empenho no desenvolvimento urbano sustentável e na adoção de tecnologias inovadoras para criar ambientes urbanos mais eficientes e agradáveis (Figura 3.10).

A integração do BIM no desenvolvimento de bairros inteligentes em Singapura ajuda a criar espaços urbanos sustentáveis, eficientes e orientados para a tecnologia, para benefício dos cidadãos e do ambiente. Eis como o BIM está a ser integrado no desenvolvimento de bairros inteligentes em Singapura:

Figura 3.10: Gestão de espaços urbanos em Singapura com recurso ao BIM.

1. **Planeamento preciso:** O BIM é utilizado desde a fase de planeamento para criar modelos digitais detalhados dos bairros a desenvolver. Estes modelos incorporam informações sobre as infra-estruturas existentes, topografia, redes de transportes, serviços públicos, etc. Isto permite aos planeadores urbanos ter uma visão exacta e abrangente do local, facilitando a tomada de decisões informadas.

2. **Design sustentável:** Singapura dá grande importância à sustentabilidade. O BIM é utilizado para integrar dados sobre o desempenho energético, a gestão de resíduos, a eficiência dos recursos e outros aspectos ambientais na conceção dos bairros. Isto ajuda a criar espaços urbanos mais ecológicos e resistentes.

3. **Gestão das infra-estruturas:** Uma vez construído o bairro, o BIM continua a ser utilizado para a gestão das infra-estruturas. Os modelos BIM servem de base de dados para toda a informação relativa a edifícios, redes de transportes, serviços públicos, etc. Isto facilita a manutenção, as reparações e as actualizações, permitindo simultaneamente uma gestão mais eficiente dos activos urbanos.

4. **Gestão inteligente de dados:** Os bairros inteligentes de Singapura utilizam sistemas de gestão de dados baseados no BIM. Estes sistemas permitem recolher, analisar e interpretar uma série de dados em tempo real, como o consumo de energia, os movimentos dos cidadãos, a qualidade do ar, etc. Estas informações são utilizadas para otimizar a gestão diária do bairro.

5. **Melhorar a experiência do cidadão:** As tecnologias baseadas no BIM estão a ajudar a melhorar a experiência dos cidadãos nos bairros inteligentes de Singapura. Isto pode incluir aplicações móveis para aceder a informações em tempo real, sistemas inteligentes de gestão de transportes para melhorar a mobilidade e soluções tecnológicas para promover a participação dos cidadãos.

6. **Redução dos custos e do tempo**: Ao utilizar o BIM, Singapura também tem como objetivo reduzir os custos e o tempo de construção. A modelação digital ajuda a identificar

potenciais conflitos e problemas de conceção antes do início da construção, minimizando atrasos e derrapagens orçamentais.

3.4.2.3 Utilização do BIM na construção e na gestão de projectos nos Emirados Árabes Unidos

A utilização do BIM na construção e na gestão de projectos nos Emirados Árabes Unidos (EAU), em particular para estruturas emblemáticas como o Burj Khalifa no Dubai, é um exemplo da integração avançada desta tecnologia em projectos de grande escala e reflecte o compromisso da região com a inovação tecnológica e o desenvolvimento sustentável.

Esta utilização estende-se a todo o ciclo de vida de um projeto, desde a conceção até à gestão de activos, contribuindo assim para melhorar a eficiência, a sustentabilidade e a qualidade das infra-estruturas construídas na região, ilustrando assim as vantagens desta tecnologia em contextos de construção complexos e ambiciosos.

Eis como o BIM está integrado nestes processos nos Emirados Árabes Unidos. Eis como o BIM poderia ser utilizado no contexto do Burj Khalifa (Figura 3.11):

Figura 3.11: A utilização do BIM na construção e gestão de projectos no Burj Khalifa (EAU).

1. **Projeto complexo e integrado:** O Burj Khalifa é um arranha-céus excecionalmente complexo, tanto do ponto de vista arquitetónico como estrutural. O BIM permitiu uma modelação detalhada de todos os aspectos do projeto, integrando informações sobre geometria, materiais, sistemas estruturais, mecânicos e eléctricos, e outros detalhes importantes. Esta modelação integrada facilitou a compreensão dos desafios do projeto e permitiu uma coordenação estreita entre os projectistas.

2. **Coordenação e resolução de conflitos:** Uma vez que o Burj Khalifa é uma estrutura muito complexa, o BIM desempenhou um papel crucial na coordenação das várias partes

interessadas envolvidas no projeto e na construção. Permitiu detetar e resolver virtualmente potenciais conflitos entre os diferentes elementos do edifício antes mesmo do início da construção. Isto ajudou a evitar erros dispendiosos no local.

3. **Simulação e análise estrutural:** O BIM foi utilizado para simulações e análises estruturais avançadas. Permitiu testar a resistência da estrutura às cargas, analisar o comportamento em caso de sismos e otimizar os sistemas estruturais para garantir a segurança e maximizar a eficiência.

4. **Gestão do tempo e dos custos:** Como o Burj Khalifa é uma construção de grande envergadura, o controlo do tempo e dos custos foi crucial. O BIM foi utilizado para estabelecer calendários de construção virtuais, permitindo um planeamento cuidadoso e a deteção precoce de quaisquer desvios do calendário planeado. Isto ajudou a minimizar os atrasos e a manter o projeto dentro do orçamento.

5. **Manutenção e gestão de activos:** Após a construção, o BIM continua a ser uma ferramenta valiosa para a gestão de activos no Burj Khalifa. Os modelos BIM detalhados servem de referência para a manutenção preventiva, a gestão de reparações e as renovações. Isto ajuda a prolongar a vida útil da estrutura e garante um funcionamento ótimo ao longo do tempo.

6. **Normas de conformidade:** Os EAU estabeleceram normas e regulamentos para promover a utilização do BIM em projectos de construção. Podem ser implementados requisitos específicos relacionados com a modelação da informação de construção para garantir a qualidade e a consistência dos dados ao longo do ciclo de vida do projeto.

7. **Construção sustentável:** Os EAU estão a prestar cada vez mais atenção à sustentabilidade ambiental. O BIM é utilizado para integrar dados sobre o desempenho energético, a gestão da água, a utilização de materiais sustentáveis e outros aspectos relacionados com a construção sustentável. Isto ajuda a conceber edifícios que cumprem as normas ambientais e contribuem para reduzir a pegada de carbono.

8. **Grandes projectos:** Os EAU são conhecidos pelos seus projectos de grande escala, tais como arranha-céus emblemáticos, ilhas artificiais e estâncias turísticas. O BIM é particularmente benéfico na gestão de projectos tão complexos, proporcionando uma visão integrada de todas as fases do projeto.

3.4.2.4 Aplicação do BIM para a renovação e modernização de infra-estruturas urbanas nos Estados Unidos

A aplicação do BIM na renovação e modernização de infra-estruturas urbanas, incluindo pontes e túneis nos Estados Unidos, evoluiu significativamente para melhorar a eficiência, a sustentabilidade e a segurança destas estruturas (Figura 3.12).

A aplicação do BIM na renovação de infra-estruturas urbanas nos Estados Unidos permite melhorar o planeamento, a conceção, a construção e a gestão de projectos, ajudando a criar estruturas mais sustentáveis, eficientes e seguras. Eis como o BIM é utilizado neste contexto específico:

1. **Avaliação do estado das infra-estruturas existentes:** Antes de empreender projectos de renovação, o BIM é utilizado para criar modelos digitais detalhados de pontes, túneis e

outras infra-estruturas existentes. Estes modelos incluem dados sobre o estado atual da estrutura, materiais utilizados, sistemas mecânicos e eléctricos e outras informações relevantes. Isto permite aos engenheiros compreender melhor o estado das infra-estruturas existentes e tomar decisões informadas sobre as necessidades de renovação.

2. **Planeamento e conceção em colaboração:** O BIM facilita o planeamento colaborativo entre diferentes partes interessadas, incluindo engenheiros, arquitectos, empreiteiros e autoridades locais. Utilizando modelos BIM, as equipas podem visualizar planos de renovação, identificar potenciais problemas e colaborar de forma mais eficaz para otimizar os processos de conceção e construção.

3. **Deteção de conflitos e problemas:** A modelação 3D em BIM ajuda a detetar potenciais conflitos entre os novos elementos de design e a infraestrutura existente. Isto ajuda a evitar erros dispendiosos na implementação de projectos de renovação.

4. **Otimizar a sustentabilidade:** O BIM é utilizado para integrar informações sobre sustentabilidade na conceção de projectos de renovação. Isto pode incluir dados sobre eficiência energética, utilização de materiais sustentáveis, redução das emissões de carbono e outras práticas amigas do ambiente.

5. **Gestão de custos e de prazos:** O BIM é utilizado para desenvolver calendários de construção virtuais, ajudar a estimar os custos e acompanhar o progresso do projeto em tempo real. Isto permite uma melhor gestão dos prazos e orçamentos, ajudando a evitar derrapagens dispendiosas.

6. **Melhoria da segurança:** O BIM pode ser utilizado para simular e analisar as condições de segurança durante a construção e o funcionamento das infra-estruturas. Isto permite a adoção de medidas preventivas para minimizar os riscos e garantir a segurança dos trabalhadores e do público.

7. **Gestão de activos:** Após a renovação, o BIM continua a ser útil para a gestão de activos. Os modelos BIM actualizados servem de referência para a manutenção preventiva, a gestão das reparações e as futuras actualizações.

8. **Normas e Regulamentos:** Nos Estados Unidos, a utilização do BIM pode ser incentivada ou mesmo exigida, dependendo dos regulamentos locais e das normas do sector. Isto assegura uma abordagem consistente e normalizada à modelação da informação de construção em projectos de renovação de infra-estruturas.

Figura 3.12: Renovação e modernização de infra-estruturas urbanas utilizando o BIM (EUA).

3.4.2.5 A utilização do BIM na América do Sul

Building Information Modeling (BIM), ou Modelagem da Informação da Construção em francês, é uma abordagem colaborativa baseada na criação e uso de uma representação digital das caraterísticas físicas e funcionais de um edifício ou infraestrutura. No Brasil e na América do Sul, o BIM se tornou uma ferramenta essencial no setor de construção, arquitetura e engenharia.

A adoção do BIM na região demonstra um desejo crescente de melhorar a eficiência, a sustentabilidade e a qualidade dos projectos de construção. Os governos, as empresas e os profissionais reconhecem os benefícios do BIM em termos de redução de custos, gestão eficiente de projectos e melhor colaboração entre as partes interessadas. Eis alguns exemplos de aplicações e iniciativas relacionadas com o BIM na região:

- **Projectos de Infra-estruturas e Construção - Arena de São Paulo (Brasil)**

Em preparação para o Campeonato do Mundo de Futebol da FIFA 2014 no Brasil, foram construídos ou renovados vários estádios de futebol para acolher jogos do torneio. A utilização do Building Information Modeling (BIM) tem sido um elemento-chave no planeamento, conceção, construção e gestão destes projectos de infra-estruturas. A utilização do BIM foi observada na construção da Arena de São Paulo para o Campeonato do Mundo de Futebol de 2014. A modelação 3D permitiu uma colaboração eficaz entre as diferentes partes interessadas, melhorando a coordenação e a gestão do projeto (Figura 3.13).

Figura 3.13: Aplicação BIN na arena de São Paulo (Brasil).

A utilização do BIM nos projectos de construção de estádios durante o Campeonato do Mundo de Futebol FIFA 2014 no Brasil permitiu uma colaboração mais eficaz, uma melhor coordenação e uma gestão optimizada dos projectos ao longo do seu ciclo de vida. Isto contribuiu para o sucesso destes grandes projectos no domínio das infra-estruturas desportivas.

Eis como o BIM poderia ter sido aplicado, em geral, aos projectos de construção de estádios durante este período:

1. **Modelação 3D colaborativa:** A modelação 3D através do BIM permitiu a criação de modelos digitais detalhados para cada estádio. Estes modelos incluíam informações sobre a estrutura, os sistemas mecânicos e eléctricos, os lugares, a iluminação e outros elementos-chave. Esta representação visual facilitou a compreensão do projeto do estádio por todas as partes interessadas.

2. **Coordenação e colaboração:** O BIM promoveu uma colaboração mais eficaz entre diferentes partes interessadas, como arquitectos, engenheiros, empreiteiros e autoridades locais. Ao centralizar os dados num modelo BIM partilhado, as equipas puderam trabalhar de forma coordenada, antecipar potenciais conflitos e resolver problemas de conceção antes do início da construção.

3. **Análise de desempenho:** O BIM foi utilizado para análises avançadas de desempenho. Por exemplo, puderam ser efectuadas simulações térmicas e acústicas para garantir que os estádios ofereciam condições de conforto ideais para os espectadores. Também puderam ser efectuadas simulações de evacuação para garantir a segurança durante os eventos.

4. **Planeamento preciso:** O BIM facilitou o planeamento preciso da construção, estabelecendo calendários virtuais e permitindo que as partes interessadas visualizassem

o progresso do projeto em cada fase. Isto ajudou a minimizar os atrasos e a otimizar a gestão dos recursos.

5. **Gestão de custos:** Os modelos BIM permitiram uma melhor estimativa de custos, fornecendo uma base sólida para avaliar os materiais, a mão de obra e outros custos associados à construção do estádio. Isto contribuiu para a gestão orçamental do projeto.

6. **Gestão do ciclo de vida:** O BIM não tem sido utilizado apenas durante a construção, mas também na gestão do ciclo de vida dos estádios. Os dados do modelo BIM podem ser aproveitados para manutenção, futuras renovações e planeamento de actualizações.

7. **Visualização para marketing:** Os modelos 3D BIM podem ser utilizados para efeitos de marketing e apresentação. As autoridades desportivas, os organizadores do Campeonato do Mundo e outras partes interessadas puderam utilizar estes modelos para apresentar os estádios de uma forma envolvente e interactiva.

- **Projectos de Infra-estruturas e Construção - Ponte de Guaiba (Rio Grande do Sul, Brasil)**

A renovação da Ponte do Guaiba no Brasil (Figura 3.14) é um exemplo de um projeto de infra-estruturas e construção em que o BIM foi integrado para melhorar vários aspectos do processo, desde o planeamento até à gestão futura.

A integração do BIM no projeto de renovação da Ponte do Guaiba, no Brasil, trouxe benefícios significativos em termos de planeamento, conceção, coordenação e gestão global do projeto, facilitando simultaneamente a manutenção futura da infraestrutura.

Figura 3.14: A aplicação do BIM para a renovação da Ponte do Guaíba no Brasil.

Eis como o BIM poderia ser aplicado neste contexto:

1. **Modelação pormenorizada das infra-estruturas existentes:** Antes da renovação, o BIM foi utilizado para criar modelos digitais detalhados da infraestrutura existente da Ponte do Guaiba. Estes modelos incluíam informações precisas sobre a estrutura, elementos mecânicos e eléctricos e outros componentes-chave da ponte.

2. **Identificação das necessidades de renovação:** Ao analisar o modelo BIM da infraestrutura existente, as equipas puderam identificar com maior precisão as necessidades de renovação. Isto contribuiu para um planeamento mais preciso dos trabalhos a realizar e ajudou a evitar surpresas imprevistas durante a fase de renovação.

3. **Melhoria da coordenação entre as partes interessadas:** O BIM facilitou a coordenação entre as diferentes partes interessadas no projeto, incluindo engenheiros, arquitectos, empreiteiros e autoridades locais. A informação centralizada no modelo BIM permitiu que todas as equipas trabalhassem a partir de uma única fonte de dados, melhorando a comunicação e a coordenação.

4. **Visualização do projeto proposto:** Os modelos BIM também ajudaram a visualizar o projeto proposto para a renovação. As partes interessadas puderam ver em 3D como as alterações propostas afectariam a infraestrutura existente, o que contribuiu para uma melhor compreensão e aceitação do projeto.

5. **Planeamento e gestão do projeto:** O BIM foi utilizado para desenvolver calendários de construção virtuais, o que permitiu um planeamento mais preciso dos trabalhos. As equipas puderam monitorizar o progresso do projeto em tempo real, minimizando potenciais atrasos e permitindo uma gestão mais eficiente dos recursos.
6. **Facilitar a manutenção futura:** Após a renovação, o modelo BIM atualizado tornou-se um recurso valioso para a gestão da infraestrutura a longo prazo. Os dados integrados no modelo facilitam o planeamento da manutenção futura, fornecendo informações detalhadas sobre os componentes da ponte.

7. **Redução de erros no local:** A modelação BIM 3D tornou possível detetar virtualmente potenciais conflitos e erros de projeto antes do início do trabalho no terreno. Isto ajudou a minimizar os atrasos e os custos associados a correcções a meio do projeto.

8. **Gestão de custos e recursos:** O BIM ajudou a estimar com maior exatidão os custos associados à renovação, fornecendo uma base sólida para a avaliação de materiais, mão de obra e outros recursos necessários.

- **Normas e iniciativas governamentais**

    1. **ABNT NBR 15965 (norma brasileira):** O Brasil adoptou a norma ABNT NBR 15965 que regula a utilização do BIM no país. Isto promove a adoção generalizada do BIM em projectos de construção e concursos públicos, aumentando assim a eficiência e a qualidade dos projectos.

    2. **Plano BIM do Uruguai:** O Uruguai também implementou um plano BIM para promover a utilização desta tecnologia no sector da construção. Este plano visa melhorar a competitividade do sector, a qualidade dos projectos e estimular a inovação.

- **Formação e sensibilização**
  - ✓ **Iniciativas de treinamento:** As instituições académicas e profissionais na América do Sul oferecem programas de formação BIM para profissionais do sector. Isto ajuda a aumentar as competências dos intervenientes na construção e a facilitar a adoção do BIM.

- **Projectos residenciais e comerciais**
  - ✓ **Projetos de torres:** Os projectos de construção de torres residenciais e comerciais em cidades como São Paulo implementaram o BIM para otimizar o design, a construção e a gestão das instalações.

- **Colaboração internacional**
  - ✓ **Participação em iniciativas globais:** O Brasil e outros países da América do Sul estão a participar em iniciativas globais destinadas a normalizar as práticas BIM. Isso facilita a colaboração com atores internacionais e promove uma abordagem comum na indústria da construção.

3.5 Conclusão

O BIM representa uma mudança significativa no sector da AEC, oferecendo numerosos benefícios, mas também apresentando vários desafios. A literatura analisada neste capítulo fornece uma compreensão abrangente dos fundamentos, estratégias de adoção, benefícios e orientações futuras do BIM. medida que a indústria continua a evoluir, espera-se que o BIM desempenhe um papel cada vez mais central na promoção da inovação e na melhoria da execução dos projectos em todo o mundo.

Este capítulo oferece um mergulho profundo e cativante no mundo das Cidades Inteligentes. Ao definir o conceito, explorar os principais elementos e analisar a estratégia de Bruxelas, lançamos as bases para os capítulos seguintes. Estas reflexões e exemplos concretos servirão de base sólida para a nossa exploração subsequente da Modelação da Informação da Construção (BIM), da produção de dados, da cidade aumentada, da inteligência urbana, da inteligência artificial, da gestão de dados, dos modelos de previsão e do panorama global do desenvolvimento urbano baseado em dados. Prepare-se para uma viagem fascinante pelas ruas digitais das cidades do futuro.

3.6 Referências

3. **Eastman, C., Teicholz, P., Sacks, R., Liston, K. (2011):** "BIM Handbook: A Guide to Building Information Modeling for Owners, Managers", **Designers, Engineers and Contractors. John Wiley & Sons.**

4. **Azhar, S. (2011):** "Building information modeling (BIM): Trends, benefits, risks, and challenges for the AEC industry.", **Leadership and Management in Engineering**, 11(3), 241-252.

5. **Succar, B. (2009).** "Building information modelling framework: A research and delivery foundation for industry stakeholders.", **Automation in Construction, 18(3)**, 357-375.

6. **Gu, N., London, K. (2010):** "Understanding and facilitating BIM adoption in the AEC industry.", **Automation in Construction,** 19(8), 988-999.

7. **Miettinen, R., Paavola, S. (2014):** "Beyond the BIM utopia: Approaches to the development and implementation of building information modeling.", **Automation in Construction**, 43, 84-91.

8. **Khosrowshahi, F., Arayici, Y. (2012):** "Roadmap for implementation of BIM in the UK construction industry.", **Engineering Construction and Architectural Management,** 19(6), 610-635.

9. **Jung, W., Joo, M. (2011):** "Estrutura de modelação da informação da construção (BIM) para implementação prática". **Automação na Construção,** 20(2), 126-133.

10. **Becerik-Gerber, B., & Kensek, K. (2010):** "Building Information Modeling in Architecture, Engineering, and Construction: Emerging Research Diretions and Trends.", **Journal of Professional Issues in Engineering Education and Practice,** 136(3), 139-147.

11. **Volk, R., Stengel, J., & Schultmann, F. (2014):** "Building Information Modeling (BIM) for existing buildings - Literature review and future needs.", **Automation in Construction,** 38, 109-127.

12. **Aranda-Mena, G., Crawford, J., Chevez, A., & Froese, T. (2009):** "Building information modeling demystified: does it make business sense to adopt BIM?", **International Journal of Managing Projects in Business,** 2(3), 419-434.

Capítulo 4
Produção de dados e BIM

A integração da Modelação da Informação da Construção (BIM) nos processos de desenvolvimento urbano revolucionou a indústria da Arquitetura, Engenharia e Construção (AEC). O BIM representa um grande avanço na gestão e utilização de dados para a conceção, construção e gestão de infra-estruturas urbanas. Esta tecnologia está a revolucionar a forma como os dados são recolhidos, estruturados e utilizados para criar cidades mais eficientes e inteligentes (Figura 4.1).

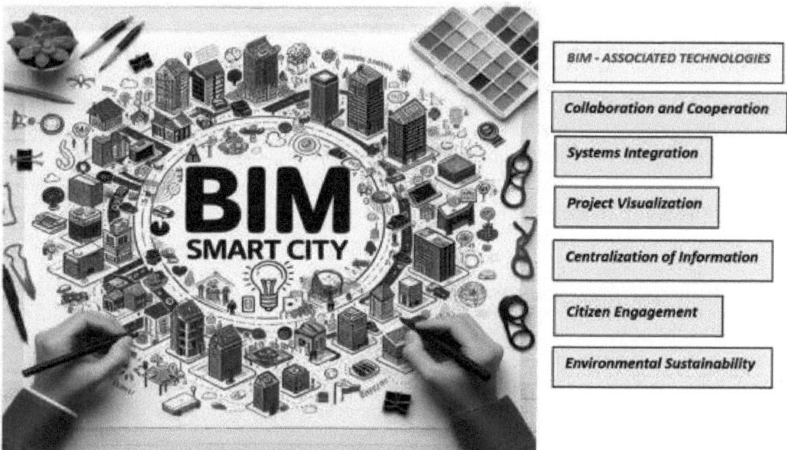

Figura 4.1: Produção de dados e BIM numa cidade inteligente.

4.1 - Revisão da bibliografia

Este capítulo aborda os aspectos multifacetados do BIM, a sua interação com máquinas inteligentes, as fases de gestão de projectos, exemplos de fluxos de trabalho, as suas principais vantagens e aplicações reais de planeamento urbano. De seguida, abordaremos um resumo dos principais temas abordados através de um trabalho de revisão bibliográfica.

4.1.1 - Integração da Máquina Inteligente (IM) com o BIM

A convergência das máquinas inteligentes com o BIM representa um avanço significativo no sector da AEC. As máquinas inteligentes, como o equipamento de construção automatizado e as ferramentas de projeto orientadas para a IA, melhoram as capacidades do BIM, facilitando processos de construção mais precisos e eficientes. De acordo com Eastman et al. (2011), a sinergia entre o BIM e as máquinas inteligentes permite a integração de dados em tempo real e ajustes dinâmicos durante a fase de construção, melhorando assim os resultados globais do projeto.

4.1.2 - Fases de Gestão de um Projeto BIM

Os projectos BIM são normalmente divididos em várias fases fundamentais: planeamento, conceção, construção, operação e manutenção. Cada fase envolve tarefas e objectivos distintos que, coletivamente, contribuem para o sucesso do projeto. Succar (2009) sublinha a importância de um quadro BIM estruturado para garantir que todas as partes interessadas estão alinhadas e que o projeto progride sem problemas ao longo de cada fase. A gestão eficaz destas fases é crucial para maximizar os benefícios do BIM, tais como a melhoria da colaboração e a redução de erros.

4.1.3 - Exemplos de fluxo de trabalho BIM

A implementação do BIM nos processos de fluxo de trabalho pode variar significativamente em função do âmbito e dos requisitos do projeto. Jung e Joo (2011) descrevem fluxos de trabalho BIM práticos que integram várias ferramentas de software e metodologias para agilizar a entrega do projeto. Por exemplo, um fluxo de trabalho BIM típico pode começar com uma fase de projeto concetual utilizando software como o Autodesk Revit, seguido de modelação detalhada, deteção de conflitos e coordenação utilizando o Navisworks e, finalmente, gestão da construção através de ferramentas como o BIM 360. Estes fluxos de trabalho não só aumentam a eficiência, como também garantem que todos os dados do projeto são capturados e geridos com precisão.

4.1.4 - Principais Vantagens do BIM

O BIM oferece várias vantagens substanciais em relação aos métodos de construção tradicionais. Azhar (2011) destaca alguns desses benefícios, incluindo uma melhor visualização, uma maior colaboração e uma melhor tomada de decisões. O BIM permite que todos os participantes no projeto acedam a um modelo único e abrangente que contém todas as informações relevantes, reduzindo assim os mal-entendidos e facilitando a tomada de decisões mais informadas. Além disso, Volk, Stengel e Schultmann (2014) referem que a capacidade do BIM para simular vários aspectos do processo de construção pode levar a poupanças de custos significativas e a prazos de projeto reduzidos.

4.1.5 - Planeamento urbano com recurso ao BIM

Os projectos de planeamento urbano podem beneficiar muito com a aplicação do BIM. Um exemplo notável é a utilização do BIM no planeamento e desenvolvimento de cidades inteligentes. Becerik-Gerber e Kensek (2010) descrevem o modo como o BIM foi utilizado num projeto de planeamento urbano de grande escala para integrar vários elementos infra-estruturais e melhorar a conceção e a funcionalidade globais do ambiente urbano. O projeto demonstrou como o BIM pode facilitar a integração de múltiplas fontes de dados e melhorar a coordenação entre diferentes disciplinas de planeamento urbano, conduzindo a um processo de desenvolvimento urbano mais coeso e eficiente.

Em conclusão, a integração do BIM com máquinas inteligentes, fases de gestão estruturadas, fluxos de trabalho eficientes e as suas vantagens inerentes fazem dele uma ferramenta indispensável nas práticas modernas de AEC. Os estudos de caso e os exemplos fornecidos por académicos como Eastman et al. (2011) e Becerik-Gerber e Kensek (2010) sublinham o potencial transformador do BIM tanto na construção de edifícios como no planeamento urbano, abrindo caminho a práticas de desenvolvimento mais inovadoras e sustentáveis.

4.2 - Integração da Máquina Inteligente (IM) com o BIM

O BIM é muito mais do que um simples software de modelação. Trata-se de uma abordagem holística que integra dados em cada fase do ciclo de vida de um projeto urbano. Eis como o BIM funciona na recolha, estruturação e utilização de dados:

- **Recolha e análise de dados:** O MI pode desempenhar um papel vital na recolha de dados em tempo real numa Cidade Inteligente. Estes dados, quer sejam provenientes de sensores, câmaras de vigilância ou outras fontes, podem ser integrados em modelos BIM para criar uma representação digital da cidade em constante mudança. O BIM permite agregar diferentes fontes de dados, sejam planos, levantamentos topográficos, dados geoespaciais ou especificações técnicas. Estas informações são integradas num modelo digital centralizado.

- **Estruturação dos dados:** Os dados recolhidos são organizados de forma estruturada no modelo BIM. Cada componente de uma infraestrutura está associado a informações detalhadas, como dimensões, materiais, custos e prazos.

- **Utilização dos dados:** O modelo BIM torna-se uma valiosa fonte de informação para todas as partes interessadas no projeto urbano. É utilizado para a conceção colaborativa, a simulação, a previsão de custos, a gestão de recursos e mesmo a manutenção pós-construção.

A integração da Máquina Inteligente (IM) com a Modelação da Informação da Construção (BIM) desempenha um papel crucial no desenvolvimento das Cidades Inteligentes, proporcionando benefícios significativos aos cidadãos e às autoridades municipais (Figura 4.2).

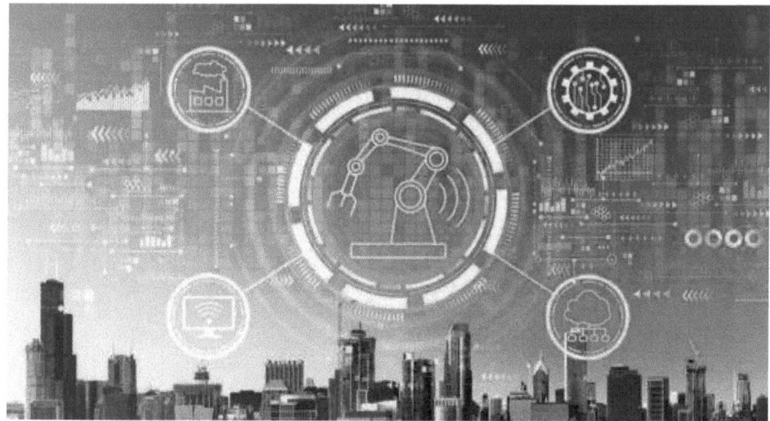

Figura 4.2: A máquina inteligente para o cidadão numa cidade inteligente.

Eis alguns aspectos importantes a ter em conta neste contexto:

- **Gestão Inteligente de Infra-estruturas:** A integração do MI e do BIM permite uma gestão mais inteligente das infra-estruturas urbanas. Por exemplo, os sensores podem detetar problemas como fugas de água ou falhas eléctricas, e esta informação pode ser diretamente integrada no modelo BIM, facilitando a rápida localização e resolução destes problemas.
- **Planeamento urbano e simulações:** Os modelos BIM podem ser alimentados por dados MI para criar simulações e cenários de planeamento urbano. Isto permite que as autoridades municipais tomem decisões de planeamento da utilização do solo mais informadas, antecipando os potenciais impactos de novos projectos nas infra-estruturas existentes.

- **Melhoria da experiência do cidadão:** A IM pode ser utilizada para personalizar os serviços urbanos de acordo com as necessidades dos cidadãos. Por exemplo, os sistemas de inteligência artificial podem recomendar trajectos mais rápidos com base em dados de tráfego em tempo real, melhorando assim a mobilidade urbana.

- **Gestão de Emergência e Segurança:** Em caso de emergência, os sistemas MI podem responder rapidamente utilizando dados em tempo real para gerir eventos críticos. Os modelos BIM podem ser úteis para planear e coordenar respostas de emergência, integrando informações detalhadas sobre a estrutura física da cidade.

- **Manutenção Preditiva de Infra-estruturas:** A integração do BIM e do MI facilita a implementação da manutenção preditiva. Ao monitorizar continuamente o estado das infra-estruturas utilizando sensores, as autoridades podem antecipar as necessidades de manutenção e prolongar a vida útil dos activos urbanos.

- **Interoperabilidade do sistema:** Para uma integração bem sucedida, é crucial assegurar a interoperabilidade entre os sistemas MI e BIM. As normas abertas e os protocolos de comunicação normalizados promovem uma colaboração perfeita entre estas tecnologias.

4.3 - Fases de gestão de um projeto BIM

A gestão de um projeto de Modelação da Informação da Construção (BIM) envolve várias fases fundamentais, cada uma das quais desempenha um papel crucial no sucesso global do projeto (Figura 4.3).

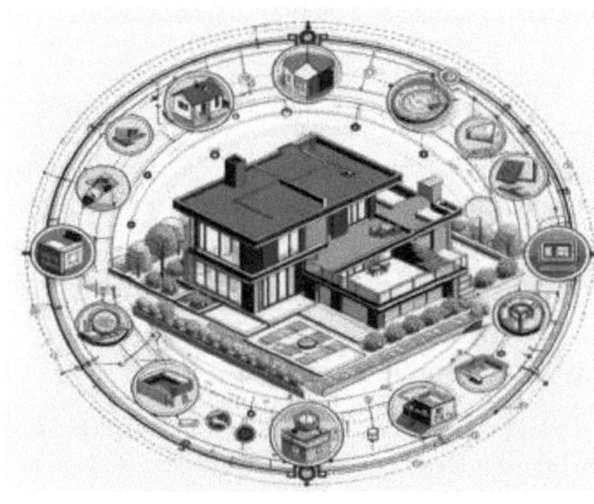

Figura 4.3: Fases da gestão de projectos BIM.

Cada fase do processo de gestão de projectos BIM está interligada, e uma comunicação e coordenação eficazes são essenciais para garantir o sucesso do projeto, desde a fase de preparação até à fase de operação e manutenção. Segue-se uma explicação detalhada das principais fases da gestão de um projeto BIM.

4.3.1 - Fase de modelação

- **Criação de modelos:** Esta fase consiste na criação de modelos 3D com base em dados, integrando informações geométricas e não geométricas sobre os elementos do edifício.
- **Desenvolvimento de padrões BIM:** Aplicar os padrões BIM definidos na fase de preparação, tais como classificações, níveis de detalhe e padrões de modelação.
- **Coordenação de modelos:** Assegurar a coordenação entre as diferentes disciplinas para evitar potenciais conflitos. A utilização de software de coordenação BIM facilita este passo.

4.3.2 - Fase de execução

- **Colaboração e comunicação:** Estabelecer canais de comunicação eficazes entre os membros da equipa para garantir uma colaboração harmoniosa. São frequentemente utilizadas plataformas BIM colaborativas.
- **Controlo de qualidade:** Implementar processos de controlo de qualidade para garantir que os modelos cumprem as normas definidas e os requisitos do projeto.
- **Gestão de alterações:** Gerir as alterações ao modelo à medida que o projeto evolui, documentando e coordenando essas alterações.

4.3.3 - Fase de Análise e Simulação

- **Análise de desempenho:** Utilizar os modelos para efetuar análises de desempenho, como a análise energética, para otimizar a conceção do edifício.

- **Simulação:** Realizar simulações como a simulação de construção (4D) ou a análise de custos (5D) para antecipar potenciais problemas e otimizar o planeamento.

4.3.4 - Fase de entrega

- **Documentação:** Gerar documentos com base no modelo, tais como desenhos de trabalho, listas de materiais e quaisquer outros documentos necessários para a construção.
- **Formação:** Fornecer formação às partes interessadas para garantir uma transição suave para a utilização de dados BIM nas operações pós-construção.

4.3.5 - Fase de Operação e Manutenção

- **Utilização do modelo para a gestão de activos:** Integrar o modelo BIM nas operações e manutenção do edifício para otimizar a eficiência ao longo do ciclo de vida do edifício.
- **Recolha de dados em tempo real:** Utilizar o BIM para recolher dados em tempo real sobre o desempenho do edifício, o consumo de energia e outros parâmetros relevantes.
- **Actualizações do modelo:** Atualizar o modelo BIM com base nas alterações do edifício ao longo do tempo.

4.4 - Exemplos *de fluxo de trabalho BIM*

Seguem-se alguns estudos de caso sobre a forma como o BIM melhora a eficiência, reduz os custos e facilita a colaboração no planeamento urbano.

- **Melhoria da colaboração:** Num projeto de construção, os arquitectos, engenheiros e empreiteiros podem trabalhar simultaneamente no mesmo modelo BIM, facilitando a colaboração e reduzindo os erros de conceção (Figura 4.4).

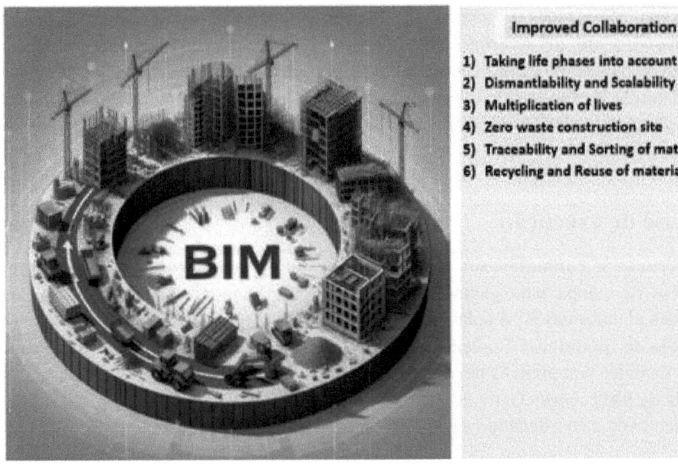

Figura 4.4: Smart City - Melhoria da colaboração.

- **Visualização imersiva:** Os modelos BIM permitem uma visualização 3D imersiva dos projectos urbanos, permitindo que as partes interessadas compreendam melhor e tomem decisões mais informadas (Figura 4.5).

Figura 4.5: Visualização imersiva num modelo BIM.

- **Redução de custos:** Ao identificar potenciais erros antes da construção física, o BIM ajuda a reduzir os custos associados a alterações tardias e ajustes no terreno.

- **Gestão de activos:** Uma vez concluída a construção, o modelo BIM torna-se uma ferramenta valiosa para a gestão de activos, permitindo uma manutenção proactiva e uma utilização optimizada da infraestrutura urbana.

4.5 - Principais vantagens do BIM

A Modelação da Informação da Construção (BIM) oferece inúmeras vantagens ao longo do ciclo de vida de um projeto de construção, desde a conceção até à demolição. O BIM oferece uma abordagem integrada que melhora a colaboração, optimiza a conceção, facilita a gestão da informação e promove a sustentabilidade ao longo do ciclo de vida de um projeto de construção (Figura 4.6).

Figura 4.6: Sustentabilidade ao longo do ciclo de vida de um projeto de construção

Estes benefícios contribuem para projectos mais eficientes, rentáveis e sustentáveis, transformando a forma como a indústria da construção planeia, constrói e mantém os edifícios (Figura 4.7).

Figura 4.7: Algumas vantagens do BIM.

Segue-se uma explicação pormenorizada das principais vantagens do BIM:

4.5.1 - Melhoria da colaboração

- **Modelo centralizado:** O BIM centraliza todos os dados do projeto num modelo partilhado, permitindo a colaboração em tempo real entre todos os intervenientes, desde o arquiteto ao construtor e aos engenheiros.

- **Redução de conflitos:** A capacidade de visualizar e coordenar modelos 3D minimiza potenciais conflitos entre disciplinas, reduzindo atrasos e custos associados a alterações durante a construção.

4.5.2 - Tomada de decisão informada:

- **Visualização 3D:** Os modelos BIM fornecem uma representação visual realista do projeto, permitindo que os decisores compreendam melhor as implicações das decisões e visualizem o resultado.

- **Análise de desempenho:** As ferramentas de análise incorporadas ajudam a avaliar a energia, a estrutura e outros aspectos do edifício, facilitando a tomada de decisões informadas.

4.5.3 - Otimização da conceção:

- **Testes virtuais:** Os projectistas podem testar virtualmente diferentes opções de design antes da construção, ajudando a otimizar a eficiência energética, a sustentabilidade e outros aspectos sem afetar o local de trabalho.

- **Redução de erros:** Uma modelação precisa reduz o risco de erros e omissões porque toda a informação está centralizada e acessível a todos os membros da equipa.

4.5.4 - Gestão eficaz da informação:

- **Centralização de dados:** Toda a informação, desde o projeto inicial até aos dados de operação e manutenção, é centralizada num modelo BIM, facilitando a gestão de dados ao longo do ciclo de vida do edifício.
- **Documentos automatizados:** A documentação gerada automaticamente a partir do modelo BIM, como desenhos de construção, listas de materiais e relatórios, garante a consistência e reduz o tempo necessário para criar documentos.

4.5.5 - Otimização da Construção e Manutenção:

- **Planeamento 4D e 5D:** A integração do tempo (4D) e dos custos (5D) no modelo BIM permite um planeamento mais preciso da construção e uma gestão mais eficiente do orçamento.

- **Manutenção Preditiva:** Os dados integrados no modelo BIM facilitam a manutenção preditiva, permitindo aos proprietários planear intervenções antes da ocorrência de um problema.

4.5.6 - Sustentabilidade e eficiência energética:

- **Análise do desempenho energético:** O BIM permite avaliar o desempenho energético do edifício desde a fase de projeto, promovendo a conceção de edifícios mais sustentáveis e energeticamente eficientes.

- **Gestão de resíduos de construção:** Um planeamento preciso reduz os resíduos de construção, evitando o excesso de material e permitindo uma utilização mais eficiente dos recursos.

4.5.7 - Documentação para a construção e exploração:

- **Manual digital:** O modelo BIM pode ser transformado num manual de construção digital, fornecendo aos proprietários informações detalhadas sobre componentes, sistemas e operações.

- **Redução de litígios:** Uma documentação exacta e completa reduz o risco de litígios relacionados com a responsabilidade e defeitos de construção.

4.6 - Exemplo de um projeto que utiliza o BIM para o planeamento urbano

Um exemplo de um projeto que utiliza o BIM para o planeamento urbano - construção de um bairro residencial, pode ser a construção de um novo bairro ou complexo de edifícios. Imaginemos a criação de um bairro residencial moderno.

4.6.1 - Parte operacional (PO) e componentes principais

- **Recolha de dados:** As equipas recolhem dados topográficos, informações sobre as infra-estruturas existentes, a regulamentação local, as necessidades dos potenciais residentes, etc.

- **Modelação colaborativa:** Utilizando o BIM, arquitectos, urbanistas, engenheiros e outras partes interessadas trabalham num modelo digital comum. Este modelo incorpora detalhes arquitectónicos, redes de abastecimento, redes rodoviárias, etc.

- **Simulação e otimização:** São efectuadas simulações para avaliar o impacto ambiental, os fluxos de tráfego, o consumo de energia e outros aspectos. Com base nos resultados, são feitos ajustes para otimizar o projeto.

- **Planeamento da construção:** O BIM é utilizado para planear as fases de construção, gerir os recursos e estimar os custos.

- **Gestão pós-construção:** Depois de o bairro estar construído, o modelo BIM é utilizado para a gestão de activos, manutenção preditiva e desenvolvimentos futuros.

4.6.2 - Vantagens e Desvantagens da Utilização do BIM

✓ **Benefícios:**

- **Colaboração melhorada:** Todos os intervenientes trabalham num único modelo, facilitando a comunicação e reduzindo os erros.

- **Otimização:** As simulações permitem que diferentes configurações sejam testadas antes da construção física, reduzindo custos e tempo.

- **Gestão de activos:** O modelo BIM pode ser utilizado para a gestão pós-construção, facilitando a manutenção e as futuras adições.

✓ **Desvantagens:**

- **Custo inicial:** A implementação do BIM requer investimentos em software, formação de pessoal e criação de modelos.

- **Complexidade:** A transição para o BIM pode ser complexa e exigir uma mudança cultural nos processos de trabalho existentes.

4.6.3 - Relação entre os custos de implementação e o tempo de retorno do investimento

- **Custos de implementação:** Incluem as licenças de software, a formação do pessoal, a recolha inicial de dados e a criação do modelo BIM. Estes custos podem ser significativos no início do projeto.

- **Tempo de retorno do investimento:** As poupanças resultantes de um melhor planeamento, da redução de erros e de uma gestão mais eficiente podem ajudar a amortizar os custos iniciais a longo prazo. O tempo de retorno do investimento dependerá da dimensão do projeto e da forma como o BIM é utilizado após a construção.

Esta abordagem ao planeamento urbano baseada no BIM oferece uma visão integrada do projeto, permitindo uma melhor gestão ao longo do ciclo de vida do bairro residencial. Os benefícios em termos de redução de erros, otimização e gestão pós-construção podem potencialmente justificar os custos iniciais e proporcionar um retorno a longo prazo.

4.7 - Conclusão

O BIM representa um pilar fundamental na produção de dados para a criação de cidades aumentadas e inteligentes, optimizando processos e permitindo uma utilização mais eficiente dos recursos. Os exemplos concretos apresentados neste capítulo demonstram como o BIM melhora a eficiência e a sustentabilidade dos projectos urbanos.

A integração da Máquina Inteligente com o BIM numa Cidade Inteligente permite uma gestão mais eficiente, sustentável e centrada no cidadão. Os benefícios vão desde o planeamento urbano optimizado até à rápida resolução de problemas, ajudando a criar ambientes urbanos mais inteligentes e mais fáceis de utilizar.

4.8 - Referências

Estas referências fornecem uma base sólida para explorar os diferentes aspectos do BIM, a sua integração com máquinas inteligentes, as fases de gestão dos projectos BIM, exemplos de fluxos de trabalho BIM, as principais vantagens e exemplos de projectos de planeamento urbano que utilizam o BIM.

1. **Eastman, C., Teicholz, P., Sacks, R., Liston, K. (2011):** "BIM Handbook: A Guide to Building Information Modeling for Owners, Managers, Designers, Engineers and Contractors.", **John Wiley & Sons.**
2. **Azhar, S. (2011).** "Modelação da informação da construção (BIM): Trends, benefits, risks, and challenges for the AEC industry." **Liderança e Gestão em Engenharia,** 11(3), 241-252.
3. **Succar, B. (2009):** "Building information modelling framework: A research and delivery foundation for industry stakeholders", **Automation in Construction,** 18(3), 357-375.
4. **Miettinen, R., & Paavola, S. (2014):** "Beyond the BIM utopia: Approaches to the development and implementation of building information modeling.", **Automation in Construction,** 43, 84-91.
5. **Volk, R., Stengel, J., Schultmann, F. (2014):** "Building Information Modeling (BIM) for existing buildings - Literature review and future needs.", **Automation in Construction,** 38, 109-127.
6. **Jung, W., Joo, M. (2011):** "Building information modeling (BIM) framework for practical implementation.", **Automation in Construction,** 20(2), 126-133.
7. **Becerik-Gerber, B., Kensek, K. (2010):** "Building Information Modeling in Architecture, Engineering, and Construction: Emerging Research Diretions and Trends.", **Journal of Professional Issues in Engineering Education and Practice,** 136(3), 139-147.
8. **Aranda-Mena, G., Crawford, J., Chevez, A., Froese, T. (2009):** "Building information modeling demystified: does it make business sense to adopt BIM?", **International Journal of Managing Projects in Business,** 2(3), 419-434.
9. **Liu, R., Issa, R. R., Olbina, S. (2010):** "Factors influencing the adoption of building information modeling in the AEC industry.", **Proceedings of the International Conference on Computing in Civil and Building Engineering,** 602-609.
10. **Sacks, R., Koskela, L., Dave, B. A., Owen, R. (2010):** "Interaction of lean and building information modeling in construction.", **Journal of Construction Engineering and Management,** 136(9), 968-980.

Capítulo 5

Cidade aumentada e conetividade

O advento do desenvolvimento urbano baseado em dados impulsionou as cidades a tornarem-se entidades aumentadas e hiperconectadas. Este capítulo explora a visão da cidade aumentada, o papel da realidade aumentada (RA) na navegação urbana, o significado da conetividade e da Internet das Coisas (IoT), o contexto da utilização da IoT em centros urbanos e um exemplo de uma rede de objectos ligados para recolha de dados urbanos.

A utilização destes elementos desempenha um papel essencial na melhoria dos serviços urbanos e na recolha de dados para uma gestão mais eficiente das cidades (Figura 5.1). O objetivo deste capítulo é explorar as aplicações concretas da RA em ambientes urbanos.

Figura 5.1: Smart City - Cidades aumentadas e inteligentes.

5.1 Revisão da bibliografia

A transformação para uma cidade aumentada e conectada depende da exploração de tecnologias inovadoras como a realidade aumentada (RA) e a Internet das Coisas (IoT). A Internet das Coisas (IoT) e as infra-estruturas conectadas contribuem para a recolha de dados e para a melhoria dos serviços urbanos. De seguida, apresentamos um resumo da bibliografia utilizada.

5.1.1 Visão da cidade aumentada

O conceito de cidade aumentada gira em torno da integração de tecnologias digitais com espaços urbanos físicos para melhorar as experiências e a eficiência da vida urbana. De acordo com Townsend (2013), a cidade aumentada aproveita os grandes volumes de dados, o envolvimento cívico e as tecnologias avançadas para criar uma nova visão utópica da vida urbana. Esta visão caracteriza-se por uma conetividade sem descontinuidades, uma interação de dados em tempo real e uma infraestrutura inteligente que responde de forma dinâmica às necessidades dos habitantes da cidade.

5.1.2 Exemplo de aplicação de realidade aumentada (RA) para navegação urbana

As aplicações de Realidade Aumentada (RA) têm o potencial de transformar a navegação urbana através da sobreposição de informações digitais no ambiente físico. Ma et al. (2017) descrevem a conceção e a implementação de um sistema de navegação interior em tempo real que utiliza a RA para guiar os utilizadores através de ambientes interiores complexos. Este sistema melhora a experiência do utilizador ao fornecer pistas visuais e elementos interactivos que facilitam uma navegação mais fácil e intuitiva.

Sadeghi-Niaraki et al. (2020) ilustram ainda a utilização da RA em conjunto com o GPS para o posicionamento no interior de um sistema de gestão inteligente de instalações baseado no modelo de informação da construção (BIM). Esta integração não só melhora a navegação, como também apoia a gestão eficiente das instalações, fornecendo dados de localização em tempo real e informações aumentadas sobre a infraestrutura do edifício.

5.1.3 Conectividade e IoT

A espinha dorsal da cidade aumentada é a sua conetividade, facilitada principalmente pela Internet das Coisas (IoT). Zanella et al. (2014) salientam o papel da IoT na criação de cidades inteligentes, ligando vários dispositivos e sistemas para recolher e trocar dados. Esta conetividade permite às cidades monitorizar e gerir as infra-estruturas urbanas de forma mais eficaz, resultando em serviços melhorados e numa melhor qualidade de vida para os residentes.

5.1.4 Contexto de utilização da IoT nos centros urbanos

A IdC encontra diversas aplicações nos centros urbanos, que vão desde a gestão inteligente do tráfego à monitorização ambiental. Schaffers et al. (2011) salientam a importância dos quadros de cooperação para a inovação aberta nas cidades inteligentes, sugerindo que a IdC pode impulsionar esforços de colaboração para enfrentar os desafios urbanos. Ao tirar partido da IdC, as cidades podem instalar sensores e dispositivos inteligentes para recolher dados em tempo real, o que é crucial para tomar decisões informadas e otimizar os serviços urbanos.

Lee e Lee (2014) propõem uma tipologia centrada no cidadão para os serviços das cidades inteligentes, sublinhando a necessidade de alinhar as aplicações da IoT com as necessidades e preferências dos habitantes das cidades. Esta abordagem garante que os avanços tecnológicos trazidos pela IoT beneficiam diretamente os residentes, tornando as cidades mais habitáveis e sustentáveis.

5.1.5 Rede de objectos ligados para recolha de dados urbanos

Uma aplicação da IoT na recolha de dados urbanos é apresentada por Batty et al. (2012), que descrevem a implantação de uma rede de objectos ligados para recolher e analisar dados urbanos. Esta rede inclui sensores e dispositivos distribuídos pela cidade, que recolhem dados sobre vários parâmetros, como a qualidade do ar, o fluxo de tráfego e o consumo de energia. Os dados recolhidos são depois processados e utilizados para otimizar as operações da cidade, melhorar os serviços públicos e informar as decisões de planeamento urbano.

Kitchin (2014) discute o conceito de cidade em tempo real, em que os dados são continuamente recolhidos e analisados para fornecer uma visão imediata da dinâmica urbana. Esta recolha e análise de dados em tempo real permite que as cidades respondam proactivamente a questões emergentes, melhorando assim a gestão urbana e melhorando a qualidade de vida global dos residentes.

Em conclusão, a visão da cidade aumentada, alimentada pela RA e pela IoT, representa um salto significativo em direção a ambientes urbanos mais inteligentes e mais conectados. A integração destas tecnologias facilita uma melhor navegação, uma recolha de dados eficiente e uma melhor gestão urbana, contribuindo, em última análise, para o desenvolvimento de cidades mais reactivas, sustentáveis e habitáveis.

5.2 Realidade aumentada (RA) nas cidades inteligentes

A realidade aumentada (RA) oferece um enorme potencial para transformar os ambientes urbanos através da introdução de camadas de informação digital no mundo físico. Eis algumas aplicações concretas da RA nas cidades inteligentes:

- **Navegação urbana melhorada:** As aplicações móveis que utilizam a RA podem fornecer informações em tempo real sobre percursos, pontos de interesse e informações históricas enquanto se explora a cidade (Figura 5.2).

Figura 5.2: Navegação urbana num automóvel autónomo.

- **Visualização de projectos:** A RA permite que os planeadores e arquitectos visualizem futuros projectos diretamente nos locais, facilitando a compreensão e a comunicação dos planos às partes interessadas (Figura 5.3).

Figura 5.3: A realidade aumentada, uma revolução no sector imobiliário.

- **Educação e turismo:** Experiências educativas imersivas e visitas turísticas reforçadas com informações de RA sobre sítios históricos e culturais (Figura 5.4).

Figura 5.4: Educação e turismo com Realidade Aumentada.

5.3 - Exemplo de aplicação de Realidade Aumentada (RA) para navegação urbana

Vejamos o exemplo de uma aplicação de Realidade Aumentada (RA) para navegação urbana, destinada a ajudar os peões a deslocarem-se numa cidade (Figura 5.5).

Figura 5.5: Informação contextual com Realidade Aumentada.

5.3.1 - Parte operacional e componentes principais:

- **Aplicação móvel:** Os utilizadores descarregam uma aplicação para o seu smartphone equipado com tecnologia de realidade aumentada.
- **Geolocalização:** A aplicação utiliza a geolocalização e o mapeamento para determinar a localização do utilizador na cidade.
- **Informações contextuais:** Utilizando a câmara do smartphone, a aplicação sobrepõe no ecrã informações contextuais em tempo real, tais como setas direcionais, pontos de interesse, informações históricas, etc.
- **Navegação intuitiva:** Os utilizadores seguem indicações visuais sobrepostas ao seu ambiente real para se deslocarem na cidade.

5.3.2 - **Quadro *comparativo* das vantagens e desvantagens da utilização da aplicação de RA para a navegação urbana:**

- **Benefícios:**
  - ✓ **Navegação intuitiva:** A sobreposição de informações contextuais facilita a navegação dos utilizadores, tornando as direcções mais visuais e intuitivas.
  - ✓ **Informações contextuais:** Os utilizadores têm acesso a informações adicionais sobre locais próximos, pontos de referência e atracções.
  - ✓ **Experiência imersiva:** A experiência de navegação torna-se mais interactiva e envolvente, oferecendo uma nova perspetiva da cidade.

- **Desvantagens:**
  - ✓ **Dependência tecnológica:** No caso de uma falha de rede ou de uma bateria fraca, a aplicação pode ficar inutilizável.
  - ✓ **Potencial de distração**: A dependência excessiva da realidade aumentada pode levar a uma menor atenção ao ambiente real, o que pode representar riscos.

5.3.3 - Relação entre os custos de implementação e o tempo de retorno do investimento:

- **Custos de implementação:** Estes incluem o desenvolvimento da aplicação, a recolha de dados cartográficos, a manutenção do software e os custos do servidor para gerir a informação. Os custos podem ser significativos no início do projeto.

- **Tempo de recuperação:** A popularidade da aplicação, o envolvimento do utilizador e o valor acrescentado percebido (conveniência, informação adicional, etc.) podem influenciar o tempo necessário para amortizar os custos iniciais. Uma utilização intensa e uma grande adoção podem acelerar o processo de amortização.

Esta aplicação de realidade aumentada para navegação urbana oferece uma nova abordagem à navegação na cidade, tornando a experiência mais interactiva e informativa. Embora os custos iniciais possam ser elevados, uma adoção significativa e uma utilização regular podem amortizar esses custos a longo prazo, dependendo da popularidade e da utilidade percebida da aplicação.

5.3.4 - Conectividade e IoT

A Internet das Coisas (IoT) é uma tecnologia que liga objectos físicos à Internet, permitindo-lhes recolher e trocar dados. A utilização da IdC para a prestação de serviços urbanos inteligentes está a transformar a forma como as cidades funcionam, proporcionando soluções mais eficientes e melhorando a qualidade de vida dos cidadãos (Figura 5.6).

Figura 5.6: Objectos ligados.

A Internet das Coisas (IoT) constitui o tecido conjuntivo que permite a recolha de dados em grande escala e a prestação de serviços urbanos inteligentes:

- **Sensores inteligentes:** Os sensores IoT espalhados pela cidade recolhem dados sobre a qualidade do ar, a gestão de resíduos, o consumo de energia, etc., permitindo uma monitorização precisa e em tempo real.
- **Serviços urbanos melhorados:** A conetividade IoT permite otimizar a gestão dos transportes, os semáforos inteligentes e os sistemas de estacionamento, ajudando a reduzir o congestionamento e a melhorar a mobilidade urbana.
- **Gestão inteligente dos recursos:** A IoT oferece ferramentas para monitorizar e gerir eficazmente recursos como a água, a energia e os resíduos, contribuindo para uma utilização mais sustentável e eficiente.

5.4 - Contexto de utilização da IoT nos centros urbanos

A utilização da IdC para a prestação de serviços urbanos inteligentes permite uma gestão mais eficiente dos recursos, uma melhor qualidade de vida para os cidadãos e contribui para a sustentabilidade e a resiliência das cidades modernas (Figura 5.7).

Figura 5.7: IA para análise da mobilidade.

Eis como a IoT é utilizada neste contexto:

- **Monitorização e recolha de dados:** Os sensores IoT estão implantados em toda a cidade para monitorizar vários aspectos, como a qualidade do ar, o consumo de energia, o tráfego, a gestão de resíduos, a qualidade da água, etc. Estes sensores recolhem dados em tempo real que podem ser utilizados para tomar decisões informadas sobre a gestão dos serviços urbanos.

- **Otimização dos transportes:** Os sistemas de transporte inteligentes utilizam sensores IoT para monitorizar o tráfego, gerir semáforos em tempo real e fornecer informações de tráfego aos condutores. Isto ajuda a reduzir os engarrafamentos, a melhorar o fluxo de tráfego e a tornar os transportes públicos mais eficientes.

- **Gestão da energia:** A IoT é utilizada para monitorizar e controlar o consumo de energia em edifícios e infra-estruturas públicas. Os sensores podem ajustar a iluminação, o aquecimento, a ventilação e o ar condicionado (AVAC) com base na procura efectiva, contribuindo para uma utilização mais eficiente da energia.

- **Gestão inteligente dos resíduos:** Os sensores instalados nos contentores de resíduos permitem monitorizar o nível de enchimento. Isto optimiza as rotas de recolha, reduzindo assim os custos operacionais e minimizando as emissões de gases com efeito de estufa associadas à recolha de resíduos.

- **Melhoria da qualidade do ar e da água:** A IoT é utilizada para monitorizar a qualidade do ar e da água. Os sensores podem detetar níveis de poluição, emissões de gases nocivos e a qualidade bacteriológica da água. Esta informação permite às autoridades tomar medidas proactivas para proteger a saúde pública.

- **Segurança pública:** A IoT é utilizada para melhorar a segurança pública através da monitorização de áreas sensíveis. As câmaras e os sensores ligados podem detetar actividades suspeitas, acidentes ou outras situações de emergência, permitindo uma resposta rápida das autoridades competentes.
- **Serviços conectados:** Os cidadãos podem beneficiar de serviços ligados graças à IoT. Por exemplo, as aplicações móveis podem fornecer informações em tempo real sobre transportes públicos, condições de trânsito, lugares de estacionamento disponíveis e outros serviços úteis para facilitar a vida quotidiana.

- **Planeamento urbano:** Os dados recolhidos pela IoT são utilizados para um planeamento urbano mais inteligente. Os funcionários municipais podem analisar as tendências demográficas, os padrões de deslocação e os padrões de consumo para tomar decisões informadas sobre o desenvolvimento e os investimentos urbanos.

- **Redução dos custos e do impacto ambiental:** Ao otimizar a utilização dos recursos, melhorar a eficiência operacional e reduzir os resíduos, a IoT contribui para reduzir os custos e o impacto ambiental dos serviços urbanos.

5.5 -- Exemplo de uma rede de objectos ligados para a recolha de dados urbanos.

A implementação de uma rede de objectos conectados (IoT) para a gestão de resíduos urbanos, frequentemente designada por sistema inteligente de gestão de resíduos, está a revolucionar a forma como os municípios gerem a recolha, a triagem, o processamento e a gestão global do lixo (Figura 5.8).

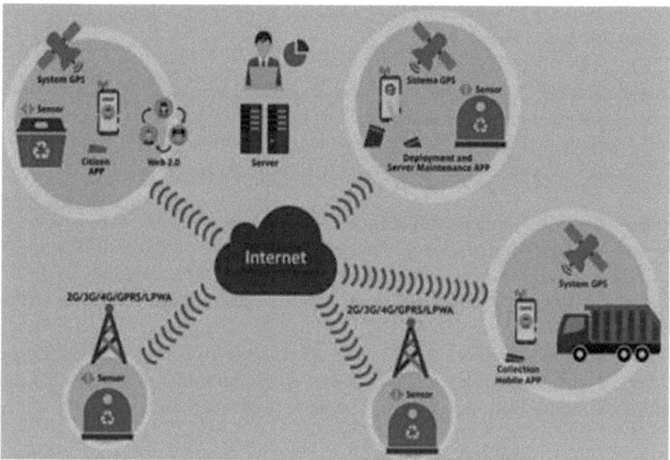

Figura 5.8: Gestão inteligente dos resíduos.

Uma rede de objectos conectados para a gestão de resíduos urbanos oferece uma abordagem inteligente, eficiente e sustentável para a gestão da eliminação de resíduos nas cidades. Utilizando sensores e tecnologias de comunicação avançadas, este sistema permite uma gestão proactiva e optimizada dos resíduos, contribuindo para a criação de cidades mais limpas e sustentáveis. Eis como funciona uma rede de objectos conectados no contexto da gestão de resíduos urbanos:

- **Sensores de nível de enchimento:** Os sensores são instalados nos contentores de resíduos para medir o seu nível de enchimento em tempo real. Estes sensores podem basear-se em tecnologias como os ultra-sons, a pressão ou o peso. Quando o contentor atinge um limiar predefinido, o sensor envia uma notificação para sinalizar que é altura de esvaziar o contentor.

- **Comunicação sem fios:** Os sensores utilizam tecnologias de comunicação sem fios, como Wi-Fi, Bluetooth ou redes de baixa potência como LoRaWAN, para transmitir dados para uma plataforma centralizada. Esta comunicação sem fios permite a ligação em rede eficiente de diferentes contentores distribuídos pela cidade.

- **Plataforma de gestão de dados:** Os dados recolhidos pelos sensores são agregados e armazenados numa plataforma de gestão de dados. Esta plataforma pode ser alojada na nuvem para garantir uma fácil acessibilidade e uma gestão centralizada. Os dados incluem o nível de enchimento, a localização dos contentores, os tempos de recolha, etc.

- **Planeamento optimizado da recolha:** Utilizando informações sobre os níveis de enchimento dos contentores, as autoridades responsáveis podem planear as rotas de recolha de forma optimizada. Isto reduz as deslocações desnecessárias e minimiza os custos operacionais, ao mesmo tempo que ajuda a reduzir o impacto ambiental das actividades de recolha.

- **Alertas e notificações:** Os gestores de resíduos e as equipas de recolha recebem alertas em tempo real quando os contentores atingem um limite crítico. Isto permite uma resposta rápida para esvaziar os contentores antes que estes transbordem, melhorando a eficiência das operações de recolha.

- **Acompanhamento e relatórios:** Os dados recolhidos pela rede de objectos ligados são utilizados para gerar relatórios sobre tendências de enchimento, desempenho operacional e outros indicadores-chave de desempenho. Estes relatórios podem ajudar os gestores a tomar decisões informadas para otimizar o sistema de gestão de resíduos.

- **Poupança de custos e sustentabilidade:** Ao otimizar a recolha com base no nível de enchimento real dos contentores, os municípios podem poupar nos custos relacionados com a recolha e o transporte de resíduos. Também contribui para a sustentabilidade ao reduzir as emissões de gases com efeito de estufa associadas a operações de recolha ineficientes.

- **Envolvimento dos cidadãos:** Alguns sistemas de objectos conectados também permitem envolver os cidadãos, informando-os sobre os horários de recolha, as iniciativas de reciclagem e incentivando a participação ativa na gestão dos resíduos.

5.5.1 - Rede de Objectos Ligados para a Gestão de Resíduos Urbanos

Tomemos o exemplo de uma rede de objectos conectados (IoT) utilizada para a recolha de dados urbanos no contexto da gestão de resíduos numa cidade.

- **Parte operacional e componentes principais:**
  - ✓ **Sensores inteligentes:** Os sensores são instalados nos contentores de lixo para medir o nível de enchimento em tempo real.
  - ✓ **Conectividade IoT:** Estes sensores enviam os dados recolhidos para uma plataforma central através de uma ligação sem fios ou de uma infraestrutura de rede dedicada.
  - ✓ **Plataforma de gestão:** Uma plataforma em nuvem recebe, armazena e analisa os dados recolhidos. Os algoritmos de aprendizagem automática podem ser utilizados para prever padrões de preenchimento e otimizar a recolha.
  - ✓ **Planeamento de rotas:** Com base nos dados recebidos, a plataforma optimiza as rotas de recolha de resíduos para maximizar a eficiência e reduzir os custos.

5.5.2 - Quadro Comparativo das Vantagens e Desvantagens da Utilização da Rede de Objectos Ligados:

- **Benefícios:**
  - ✓ **Otimização de recursos:** Utilizando dados de nível de preenchimento em tempo real, as recolhas podem ser planeadas de forma eficiente, reduzindo as deslocações desnecessárias.
  - ✓ **Redução de custos:** A otimização de rotas e recursos pode reduzir os custos de recolha e gestão de resíduos.

- ✓ **Sustentabilidade ambiental:** Uma gestão mais eficiente dos resíduos contribui para uma redução da pegada de carbono e para uma melhor gestão dos recursos.

- **Desvantagens:**
  - ✓ **Custos iniciais:** A instalação dos sensores, a criação da infraestrutura IoT e a configuração da plataforma de gestão implicam custos iniciais.
  - ✓ **Manutenção e fiabilidade:** Os sensores podem exigir manutenção regular e podem, por vezes, ser propensos a falhas, o que pode afetar a fiabilidade do sistema.

5.5.3 - Relação entre os custos de implementação e o tempo de retorno do investimento:

- **Custos de implementação:** Incluem a compra e instalação de sensores, custos de conetividade, desenvolvimento da plataforma de gestão e formação do pessoal. Estes custos podem ser significativos no início do projeto.

- **Tempo de retorno do investimento:** As poupanças resultantes de uma recolha de resíduos mais eficiente, da redução dos custos operacionais e de uma gestão mais sustentável podem ajudar a amortizar os custos iniciais a longo prazo. O tempo de retorno do investimento dependerá da dimensão da cidade e da forma como o sistema é utilizado após a implementação.

Esta rede de objectos ligados para a gestão de resíduos urbanos ilustra a forma como a IdC pode ser utilizada para melhorar a eficiência operacional e a sustentabilidade ambiental. Embora os custos iniciais possam ser consideráveis, os potenciais benefícios em termos de redução de custos e de impacto ambiental podem justificar estes investimentos a longo prazo.

5.6 -- Conclusão

A visão da cidade aumentada e a conetividade através da IoT são os principais pilares para a transformação das cidades em ambientes mais inteligentes, interactivos e sustentáveis. Estes exemplos práticos ilustram como estas tecnologias melhoram a qualidade de vida urbana e permitem uma gestão mais eficiente dos recursos e serviços.

5.7 - Referências

Estas referências oferecem uma base sólida para explorar a visão da cidade aumentada, as aplicações da realidade aumentada para a navegação urbana, a conetividade e a IoT, bem como exemplos de redes de objectos ligados para a recolha de dados urbanos.

1. **Alawadhi, S., Aldama-Nalda, A., Chourabi, H., Gil-Garcia, J. R., Leung, S., Mellouli, S., Walker, S. (2012):** "Building understanding of smart city initiatives.", **In International conference on electronic government,** (pp. 40-53). Springer, Berlim, Heidelberg.
2. **Glaeser, E. L., Hillis, A. (2016):** "Cidades inteligentes: Quality of life, productivity, and the growth effects of human capital.", **In Proceedings of the Regional Studies Association Annual Conference.**

3. **Townsend, A. M. (2013):** "Smart Cities: Big Data, Civic Hackers, and the Quest for a New Utopia.", **W.W. Norton & Company.**

4. **Schaffers, H., Komninos, N., Pallot, M., Trousse, B., Nilsson, M., Oliveira, A. (2011):** "Cidades inteligentes e a Internet do futuro: Towards cooperation frameworks for open innovation.", **In The future internet assembly (pp. 431-446).** Springer, Berlim, Heidelberg.

5. **Ma, Y., Lan, J., Li, C., Sun, Y. (2017):** "Conceção e implementação de um sistema de navegação interior em tempo real utilizando a realidade aumentada.", **Procedia Computer Science,** 111, 109-114.

6. **Zanella, A., Bui, N., Castellani, A., Vangelista, L., Zorzi, M. (2014):** "Internet of things for smart cities.", **IEEE Internet of Things journal,** 1(1), 22-32.

7. **Lee, J., Lee, H. (2014):** "Developing and validating a citizen-centric typology for smart city services.", **Government Information Quarterly**, 31(S1), S93-S105.

8. **Sadeghi-Niaraki, A., Kim, K., Kim, M., Goh, H. (2020):** "Indoor positioning using GPS-augmented reality in a building information model-based smart facility management system.", **Sensors,** 20(6), 1728.

9. **Kitchin, R. (2014):** "A cidade em tempo real? Big data and smart urbanism.", **GeoJournal,** 79(1), 1-14.

10. **Batty, M., Axhausen, K. W., Giannotti, F., Pozdnoukhov, A., Bazzani, A., Wachowicz, M., Portugali, Y. (2012):** "Smart cities of the future.", **The European Physical Journal Special Topics**, 214(1), 481-518.

Capítulo 6
Inteligência urbana e utilização de dados

A inteligência urbana, impulsionada pela análise e aplicação de grandes quantidades de dados, desempenha um papel fundamental na evolução das cidades modernas. É assim que os dados analíticos urbanos recolhidos são analisados para tomar decisões inteligentes na gestão urbana (Figura 6.1). No final deste capítulo, são apresentadas aplicações concretas da inteligência urbana, desde a gestão do tráfego até aos serviços municipais.

Figura 6.1: Inteligência urbana e utilização de dados.

Este capítulo aborda as nuances da análise de dados urbanos, a utilização contextual, exemplos práticos, as vantagens e desvantagens da inteligência urbana, considerações de custos e tempos de retorno, concluindo com ideias-chave e referências.

6.1 - Revisão da bibliografia

A gestão urbana inteligente baseia-se na análise aprofundada dos dados recolhidos, permitindo tomar decisões mais informadas e melhorar os serviços urbanos. De seguida, apresentamos um resumo da bibliografia utilizada.

6.1.1 - Análise de dados urbanos

A análise de dados urbanos envolve o exame sistemático de dados recolhidos de várias fontes numa cidade para obter informações e fundamentar a tomada de decisões. Batty (2013) argumenta que a nova ciência das cidades depende fortemente da capacidade de analisar conjuntos de dados complexos para compreender a dinâmica urbana e desenvolver modelos preditivos. Este processo engloba várias técnicas analíticas, incluindo a análise estatística, a aprendizagem automática e a visualização de dados, que são essenciais para transformar dados brutos em inteligência acionável.

Kitchin e McArdle (2016) sublinham a importância dos painéis de controlo das cidades, que agregam e apresentam dados urbanos em tempo real, fornecendo aos gestores das cidades e aos decisores políticos informações críticas na ponta dos dedos. Estes painéis de controlo facilitam a monitorização e a gestão eficientes dos sistemas urbanos, melhorando assim a funcionalidade e a capacidade de resposta globais das cidades.

6.1.2 - Contexto de utilização

O contexto de utilização da inteligência urbana é multifacetado, abrangendo diversas aplicações como a gestão do tráfego, a otimização energética e a segurança pública. De acordo com Nam e Pardo (2011), a implementação efectiva de iniciativas de cidades inteligentes requer uma compreensão holística das dimensões tecnológica, humana e institucional. Esta abordagem abrangente garante que as soluções de inteligência urbana sejam adaptadas às necessidades e desafios específicos de cada cidade.

Chourabi et al. (2012) propõem um quadro integrador para a compreensão das cidades inteligentes, salientando a necessidade de considerar vários factores contextuais, como a governação, as infra-estruturas e o envolvimento dos cidadãos. Ao fazê-lo, as cidades podem desenvolver estratégias de inteligência urbana mais direcionadas e eficazes.

6.1.3 - Exemplos de utilização da Inteligência Urbana

Exemplos concretos de inteligência urbana em ação demonstram o seu potencial para transformar a vida nas cidades. Zheng et al. (2014) descrevem aplicações de computação urbana que utilizam grandes volumes de dados para otimizar os sistemas de transporte, reduzir o consumo de energia e melhorar os serviços públicos. Por exemplo, a análise preditiva pode ser utilizada para antecipar o congestionamento do tráfego e ajustar dinamicamente os sinais de trânsito, melhorando assim o fluxo de tráfego e reduzindo os tempos de deslocação.

Bibri (2018) discute a utilização de aplicações de grandes volumes de dados baseadas em sensores para a sustentabilidade ambiental. Em cidades inteligentes e sustentáveis, os sensores recolhem dados sobre a qualidade do ar, os níveis de ruído e a utilização da água, que são depois analisados para implementar medidas que promovam a saúde ambiental e a sustentabilidade.

6.1.4 - Vantagens e Desvantagens da Inteligência Urbana

A inteligência urbana oferece inúmeras vantagens, incluindo uma maior eficiência, uma melhor tomada de decisões e uma melhor gestão dos recursos. Townsend (2013) observa que as cidades inteligentes equipadas com capacidades de inteligência urbana podem responder mais eficazmente às necessidades dos seus residentes, melhorando assim a qualidade de vida em geral.

No entanto, há também desafios e desvantagens significativos a considerar. Kitchin (2014) aponta questões relacionadas com a privacidade dos dados, a segurança e o fosso digital. Garantir que os sistemas de inteligência urbana são seguros e que os dados são utilizados de forma ética é crucial para manter a confiança do público e assegurar um acesso equitativo aos benefícios das tecnologias das cidades inteligentes.

6.1.5 - Custos e tempo de retorno

A implementação de sistemas de inteligência urbana envolve custos substanciais, incluindo a aquisição de tecnologia, o desenvolvimento de infra-estruturas e a manutenção contínua. Hashem et al. (2015) discutem as implicações financeiras da adoção de soluções de big data e de computação em nuvem, salientando a necessidade de as cidades avaliarem cuidadosamente os custos e o potencial retorno do investimento.

Glaeser e Hillis (2016) argumentam que, embora os custos iniciais possam ser elevados, o tempo de retorno a longo prazo pode ser justificado pelas melhorias significativas na produtividade, na qualidade de vida e no crescimento económico. As iniciativas de cidades inteligentes que aproveitam com êxito a inteligência urbana podem conduzir a poupanças e benefícios substanciais ao longo do tempo.

6.2 - Análise de dados urbanos

As cidades inteligentes tiram partido da análise de dados urbanos para melhorar a qualidade de vida dos cidadãos, otimizar as operações urbanas e promover a sustentabilidade. As várias fases da análise de dados urbanos, como a recolha e agregação, limpeza e pré-processamento, análise e modelação, e visualização, desempenham um papel crucial na tomada de decisões informadas. Apresentamos de seguida a importância de cada etapa com exemplos:

6.2.1 - Recolha e agregação

Os dados urbanos são recolhidos a partir de sensores IoT, redes de câmaras, transacções digitais, etc., e depois agregados em plataformas centralizadas.

Importância: A recolha de dados urbanos a partir de vários sensores, aplicações móveis, redes sociais e outras fontes é essencial para compreender as tendências e necessidades das cidades.

Exemplo: Os sensores de qualidade do ar, os sensores de tráfego e as aplicações móveis de comunicação de incidentes recolhem dados em tempo real sobre a poluição do ar, o tráfego e os problemas urbanos.

6.2.2 - Limpeza e pré-tratamento

Os dados são limpos, normalizados e pré-processados para remover os valores anómalos e os erros, de modo a garantir a sua qualidade.

Importância: Os dados podem ser ruidosos ou conter erros. A limpeza e o pré-processamento garantem a qualidade dos dados, eliminando inconsistências e valores atípicos e preparando-os para a análise.

Exemplo: Eliminação de dados em falta, correção de erros de introdução e normalização de unidades de medida para garantir a consistência entre conjuntos de dados.

6.2.3 - Análise e modelação

A análise estatística, a aprendizagem automática e as técnicas de megadados são utilizadas para extrair informações, identificar tendências e modelar previsões com base nos dados.

Importância: Esta etapa permite identificar tendências, modelar comportamentos e obter informações aprofundadas sobre os desafios urbanos, contribuindo assim para a tomada de decisões estratégicas.

Exemplo: A análise dos dados de mobilidade pode ajudar a identificar áreas de congestionamento, prever picos de tráfego e otimizar as rotas dos transportes públicos para melhorar a eficiência.

6.2.4 - Visualização de dados

Os resultados da análise são apresentados visualmente sob a forma de painéis de controlo interactivos, mapas geográficos ou gráficos para uma compreensão clara e uma tomada de decisões informada.

Importância: A visualização de dados simplifica a compreensão de informações complexas, permitindo que os funcionários municipais e os cidadãos tomem decisões informadas.

Exemplos: Mapas interactivos que mostram a qualidade do ar em diferentes zonas, painéis de controlo dinâmicos para acompanhar o consumo de energia ou gráficos que mostram a evolução dos incidentes comunicados ao longo do tempo.

6.2.5 - Contexto de utilização

- **Gestão do tráfego:** A análise de dados de tráfego em tempo real permite otimizar os semáforos, detetar engarrafamentos e sugerir rotas alternativas para reduzir o congestionamento.

- **Melhoria dos serviços municipais** : A utilização de dados para prever as necessidades de serviços municipais, como a recolha de resíduos, a manutenção de estradas ou a iluminação pública, para uma gestão proactiva e eficiente.

- **Segurança pública:** A análise de dados de câmaras de vigilância e sensores pode ajudar a detetar comportamentos ou incidentes suspeitos e melhorar a resposta dos serviços de segurança.

6.3- Exemplos de utilização da Inteligência Urbana

6.3.1 - Exemplo 1: Gestão do tráfego urbano

A importância das etapas acima descritas no contexto de uma cidade inteligente pode ser ilustrada por um exemplo concreto: A gestão do tráfego urbano (Figura 6.2).

Ao integrar estes passos na gestão urbana, as cidades inteligentes podem resolver problemas complexos, melhorar a eficiência dos serviços e criar um ambiente urbano mais sustentável e agradável para os residentes, com os seguintes passos

1. **Recolha e agregação:** Os sensores de tráfego e as câmaras recolhem dados sobre o tráfego, os tempos de viagem e os movimentos dos veículos em toda a cidade.

2. **Limpeza e pré-processamento:** Os dados são limpos para eliminar potenciais erros e as diferentes fontes de dados são agregadas para obter uma visão geral do tráfego urbano.

3. **Análise e modelação:** A análise de dados ajuda a identificar pontos de congestionamento, a prever horas de ponta e a modelar cenários para otimizar percursos e sinais de trânsito.

4. **Visualização de dados:** Os resultados são apresentados através de mapas interactivos, aplicações móveis ou outdoors espalhados pela cidade, permitindo que os cidadãos e os funcionários visualizem o trânsito em tempo real e tomem decisões informadas sobre as suas deslocações.

Figura 6.2: Gestão inteligente do tráfego.

6.3.2 - Exemplo 2: Otimização do tráfego com base na análise dos dados de tráfego de uma cidade

A otimização do tráfego numa cidade inteligente baseia-se numa análise aprofundada dos dados de tráfego. Utilizando tecnologias avançadas, sensores inteligentes, sistemas de gestão de tráfego e algoritmos, as cidades inteligentes podem tomar medidas proactivas para melhorar a eficiência do tráfego, reduzir o congestionamento do tráfego e proporcionar uma experiência de deslocação mais suave aos residentes (Figura 6.3).

Figura 6.3: Análise dos dados de tráfego.

Ao implementar estas estratégias com base na análise dos dados de tráfego, as cidades inteligentes procuram criar uma rede de tráfego mais inteligente, reactiva e eficiente, melhorando assim a mobilidade urbana e a qualidade de vida dos residentes. O seu princípio de funcionamento baseia-se nas seguintes etapas:

- **Recolha de dados em tempo real:** Sensores de tráfego, câmaras de vigilância, GPS no veículo e outras fontes de dados recolhem informações em tempo real sobre o tráfego na cidade. Estes dados incluem volumes de tráfego, velocidades, tempos de deslocação e outros indicadores relevantes.

- **Agregação e Centralização de Dados:** Os dados recolhidos são agregados e centralizados numa plataforma de gestão de dados. Esta centralização permite ter uma visão completa da rede de tráfego urbano e compreender os padrões de deslocação.

- **Análise e modelação de tendências:** Os dados de tráfego são analisados para identificar tendências, pontos de congestionamento frequentes, horas de ponta e outros padrões de deslocação. A modelação permite prever as flutuações de tráfego com base em diferentes cenários.

- **Identificação dos pontos de congestionamento:** Através da análise dos dados, são identificados os pontos de congestionamento. Estes podem incluir intersecções congestionadas, zonas de construção ou outros pontos problemáticos na rede de tráfego.

- **Ajuste dos sinais de trânsito:** Os sistemas de gestão de tráfego utilizam dados para ajustar dinamicamente os sinais de trânsito nos cruzamentos. Com base no tráfego em tempo real, os ciclos dos semáforos podem ser adaptados para maximizar a eficiência e minimizar os tempos de espera.

- **Planeamento dinâmico de rotas:** As aplicações de navegação baseadas na IoT utilizam dados de tráfego em tempo real para fornecer aos condutores rotas óptimas, contornando áreas de congestionamento e oferecendo alternativas mais rápidas.

- **Gestão do fluxo de tráfego:** Os dados são utilizados para gerir ativamente os fluxos de tráfego, ajustando os itinerários recomendados, implantando sistemas de sinalização dinâmica e fornecendo informações aos condutores sobre as condições da estrada.

- **Prevenção de engarrafamentos:** Utilizando a análise preditiva, as cidades inteligentes podem antecipar períodos de congestionamento, por exemplo, durante eventos especiais, e tomar medidas preventivas para minimizar os engarrafamentos.

- **Envolvimento dos cidadãos:** Os residentes podem ser informados das condições de trânsito em tempo real através de aplicações móveis, painéis publicitários ou outros canais de comunicação. Isto permite que os cidadãos tomem decisões informadas sobre as suas deslocações.

- **Melhoria contínua:** Os dados recolhidos são utilizados para avaliar a eficácia das medidas adoptadas. Ao continuar a analisar os dados, as autoridades podem fazer ajustes e melhorias contínuas para otimizar dinamicamente o fluxo de tráfego (Figura 6.4).

Figura 6.4: Otimizar dinamicamente o fluxo de tráfego

6.3.2.1- Parte operacional e componentes principais

- ✓ **Sensores de tráfego:** Os sensores de tráfego são instalados nas ruas, cruzamentos e principais auto-estradas para recolher dados de tráfego em tempo real, tais como densidade, velocidade e tempos de viagem.

- ✓ **Recolha e agregação de dados:** Os dados recolhidos são agregados numa plataforma centralizada que os limpa, processa e analisa para extrair informações úteis.

- ✓ **Análise e modelação:** A análise de dados e os algoritmos de aprendizagem automática são utilizados para analisar padrões de tráfego, prever fluxos futuros e identificar áreas problemáticas.

- ✓ **Adaptação dos sinais:** Os sistemas de gestão de semáforos são ajustados em tempo real com base nos dados recolhidos para otimizar o fluxo de tráfego. Os sinais adaptativos podem ser utilizados para dar prioridade a determinadas rotas com base no tráfego.

6.3.2.2- Vantagens e desvantagens da otimização do tráfego

- **Benefícios:**
  - ✓ **Redução do congestionamento:** O ajuste em tempo real dos sinais de trânsito reduz o congestionamento, os tempos de espera e os engarrafamentos.

  - ✓ **Fluxo melhorado:** Os ajustes inteligentes permitem um melhor fluxo de tráfego, reduzindo os tempos de deslocação.

  - ✓ **Redução da poluição:** Um tráfego mais suave leva a uma redução das emissões de gases com efeito de estufa.

- **Desvantagens:**
  - ✓ **Custos de implementação:** A instalação de sensores e a criação da infraestrutura de recolha e análise de dados representam custos iniciais significativos.

  - ✓ **Manutenção e fiabilidade:** Os sensores e sistemas requerem uma manutenção regular para garantir o seu bom funcionamento e fiabilidade.

6.3.2.3 - Relação entre os custos de implementação e o tempo de retorno do investimento

- ✓ **Custos de implementação:** Incluem a compra e instalação de sensores, o desenvolvimento da plataforma de análise, a manutenção e os custos de pessoal. Estes custos podem ser significativos no início do projeto.

- ✓ **Tempo de retorno do investimento:** As poupanças resultantes de um fluxo de tráfego mais suave, da redução das emissões e de uma melhoria geral da qualidade de vida podem ajudar a amortizar os custos iniciais a longo prazo. O tempo de retorno do investimento dependerá da escala da implementação e das poupanças obtidas.

Esta otimização do tráfego baseada na análise dos dados de tráfego representa uma forma inovadora de melhorar a eficiência das deslocações na cidade. Embora os custos iniciais possam ser elevados, os benefícios potenciais em termos de redução do congestionamento e dos tempos de deslocação podem justificar estes investimentos a longo prazo, dependendo da relevância e da utilização destes sistemas na cidade.

6.3.3 - Exemplo 3: Previsão das necessidades de serviços municipais para uma gestão proactiva

A previsão das necessidades de serviços municipais numa cidade inteligente envolve a utilização de dados, análises avançadas e tecnologias preditivas para antecipar as exigências dos cidadãos e das infra-estruturas urbanas (Figura 6.5).

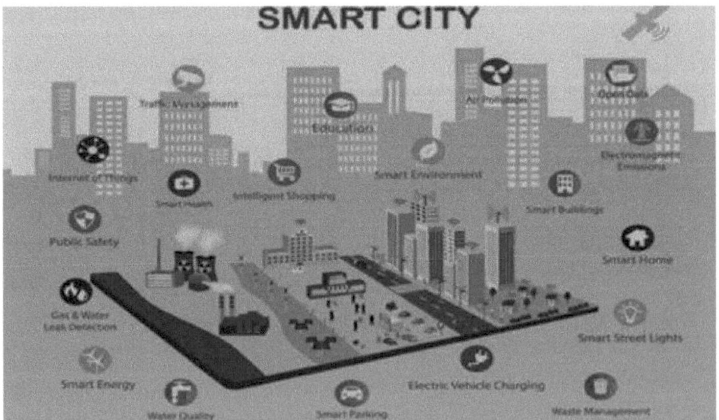

Figura 6.5: Gestão inteligente dos serviços municipais.

A previsão das necessidades de serviços municipais numa cidade inteligente baseia-se na análise avançada de dados para antecipar as necessidades futuras. Isto permite às cidades otimizar a atribuição de recursos, responder proactivamente às necessidades da população e criar um ambiente urbano mais eficiente e resiliente. Imaginemos um exemplo de previsão das necessidades de serviços municipais para uma gestão proactiva, como a recolha de resíduos numa cidade.

Esta abordagem proactiva permite que as autoridades municipais planeiem melhor, atribuam recursos de forma eficiente e respondam às necessidades da população. A previsão funciona de acordo com as seguintes etapas:

- **Recolha de dados:** Os dados são recolhidos de várias fontes, incluindo sensores urbanos, aplicações móveis, redes sociais, bases de dados governamentais, sistemas de transporte, serviços públicos, etc. Estes dados podem incluir informações sobre deslocações, consumo de energia, necessidades de serviços públicos e outros aspectos da vida urbana.

- **Agregação e Centralização de Dados:** Os dados recolhidos são agregados e centralizados numa plataforma de gestão de dados. Isto cria uma fonte única de informação que fornece uma visão abrangente do estado da cidade e das suas necessidades.

- **Análise de dados históricos:** A análise de dados históricos ajuda a compreender as tendências passadas na procura de serviços municipais. Também ajuda a identificar padrões sazonais, eventos especiais e outros factores que influenciam as necessidades da população.

- **Modelação preditiva:** Ao utilizar algoritmos de modelação preditiva, as autoridades municipais podem antecipar tendências futuras com base em dados históricos. Estes modelos podem prever a procura futura de serviços, picos sazonais ou alterações nos padrões de comportamento dos cidadãos.

- **Previsão das necessidades de serviços:** Os modelos preditivos geram previsões das necessidades futuras de serviços municipais, como a procura de transportes públicos, necessidades energéticas, serviços de saúde, recolha de resíduos, etc. Estas previsões são cruciais para um planeamento proactivo.

- **Atribuição de recursos:** Com base nas previsões, os recursos podem ser atribuídos de forma proactiva. Por exemplo, pode ser mobilizado pessoal adicional durante os períodos de ponta, os transportes públicos podem ser reforçados em antecipação de grandes eventos ou as equipas de manutenção podem estar prontas para responder a necessidades específicas.

- **Automatização e Inteligência Artificial:** A integração da automatização e da inteligência artificial permite uma resposta rápida às necessidades previstas. Por exemplo, os sistemas automatizados podem ajustar o fluxo de tráfego com base nas previsões de tráfego, ou os chatbots podem ser utilizados para responder a perguntas frequentes durante eventos especiais.

- **Comunicação com os cidadãos:** Os resultados das previsões podem ser comunicados aos cidadãos através de aplicações móveis, sítios Web ou outros canais de comunicação. Isto permite aos cidadãos planear em conformidade e contribuir para a gestão proactiva das necessidades da cidade.

- **Avaliação do desempenho:** Os resultados reais são comparados com as previsões para avaliar a exatidão dos modelos. Isto permite que os modelos de previsão sejam continuamente ajustados e melhorados.

6.3.3.1 - Parte operacional e componentes principais

- **Recolha de dados:** São recolhidos e armazenados dados históricos sobre a produção de resíduos, tendências sazonais, eventos locais e outros factores relevantes.

- **Análise de dados:** As técnicas de análise preditiva, como os modelos de séries temporais ou os algoritmos de aprendizagem automática, são aplicadas a estes dados para prever as necessidades futuras de recolha de resíduos.

- **Gestão de itinerários:** Com base nas previsões, as rotas de recolha são planeadas proactivamente para otimizar a atribuição de recursos e reduzir as viagens desnecessárias.

- **Adaptação dinâmica:** As previsões são actualizadas regularmente com base em dados recentes para garantir uma gestão proactiva contínua dos serviços municipais.

6.3.3.2 - Quadro Comparativo das Vantagens e Desvantagens da Previsão das Necessidades Municipais

- **Benefícios:**
  - ✓ **Otimização de recursos:** O planeamento proactivo optimiza a utilização dos veículos de recolha e dos recursos humanos, reduzindo os custos operacionais.

  - ✓ **Redução de deslocações desnecessárias:** A gestão proactiva reduz as deslocações desnecessárias, poupando tempo e recursos.

  - ✓ **Melhoria da sustentabilidade:** Uma recolha de resíduos mais eficiente contribui para uma melhor gestão dos recursos e para a redução do impacto ambiental.

- **Desvantagens:**
  - ✓ **Fiabilidade das previsões:** As previsões podem ser influenciadas por factores imprevistos, o que pode afetar a fiabilidade das previsões.

  - ✓ **Custos iniciais:** A criação de sistemas de recolha de dados e de análise preditiva pode ter custos iniciais significativos.

6.3.3.3 - Relação entre os custos de implementação e o tempo de retorno do investimento

- **Custos de implementação:** Incluem a recolha e análise de dados, o desenvolvimento de modelos preditivos, a formação e os custos de manutenção do sistema. Estes custos podem ser significativos no início do projeto.

- **Tempo de retorno do investimento:** As poupanças resultantes de uma gestão mais eficiente dos serviços municipais, da otimização dos recursos e da redução dos custos operacionais podem ajudar a amortizar os custos iniciais a longo prazo. O tempo de retorno do investimento dependerá da exatidão das previsões e da adoção de estratégias baseadas nessas previsões.

Esta abordagem proactiva à previsão das necessidades de serviços municipais ilustra como a análise de dados pode ser utilizada para otimizar a afetação de recursos e melhorar a eficiência dos serviços urbanos. Embora os custos iniciais possam ser substanciais, os potenciais benefícios em termos de otimização de recursos e redução de custos podem justificar estes investimentos a longo prazo, dependendo da fiabilidade e utilidade das previsões.

6.4- Vantagens, desvantagens, custos e tempo de retorno do investimento

6.4.1 - Vantagens e desvantagens

- **Vantagens:**
  - ✓ **Decisões informadas:** A análise de dados permite tomar decisões mais informadas para melhorar a eficiência dos serviços urbanos.
  - ✓ **Otimização dos recursos:** Melhor utilização dos recursos com base nas necessidades reais da cidade.
  - ✓ **Melhoria da qualidade de vida:** Melhores serviços para os cidadãos graças a uma gestão mais eficiente.
- **Desvantagens:**
  - ✓ **Proteção de dados:** A recolha e utilização de grandes quantidades de dados exige uma atenção especial à proteção da privacidade.
  - ✓ **Complexidade técnica:** A implementação de sistemas de informação urbana pode ser complexa e requer competências especializadas.

6.4.2 - Custos e tempo de retorno

- ✓ **Custos de implementação:** Estes incluem infra-estruturas de hardware, software de análise de dados, recursos humanos qualificados e podem ser significativos no início.
- ✓ **Tempo de retorno do investimento:** A redução dos custos operacionais, a melhoria dos serviços urbanos e a eficiência global podem amortizar estes custos a longo prazo, em função da adoção e utilização de sistemas de inteligência urbana.

6.5 - Conclusão

A inteligência urbana, alimentada por uma análise de dados sofisticada e por informações em tempo real, está a remodelar o futuro das cidades. Compreendendo o contexto de utilização, tirando partido de exemplos práticos e ponderando as vantagens e desvantagens, as cidades podem desenvolver estratégias eficazes para aproveitar o poder da inteligência urbana. Embora os custos possam ser consideráveis, o potencial de melhoria da eficiência, da sustentabilidade e da qualidade de vida faz com que o investimento valha a pena.

Esta abordagem baseada na inteligência urbana e na análise de dados oferece formas inovadoras de gerir as cidades de forma mais eficiente e melhorar a qualidade de vida dos cidadãos. Embora os custos iniciais possam ser elevados, os benefícios potenciais em termos de rentabilidade e de melhoria dos serviços podem justificar estes investimentos a longo prazo.

6.6 - Referências

Estas referências fornecem uma base sólida para explorar a análise de dados urbanos, o contexto de utilização, exemplos concretos de aplicações de inteligência urbana, bem como as vantagens, desvantagens, custos e períodos de retorno associados.

1. **Batty, M. (2013):** "A nova ciência das cidades", **MIT Press.**
2. **Kitchin, R. (2014):** "A cidade em tempo real? Big data and smart urbanism.", **GeoJournal,** 79(1), 1-14.
3. **Townsend, A. M. (2013):** "Smart Cities: Big Data, Civic Hackers, and the Quest for a New Utopia.", **W.W. Norton & Company.**
4. **Chourabi, H., Nam, T., Walker, S., Gil-Garcia, J. R., Mellouli, S., Nahon, K., Scholl, H. J. (2012):** "Understanding smart cities: An integrative framework.", **In 45th Hawaii International Conference on System Sciences,** (pp. 2289-2297). IEEE.
5. **Nam, T., Pardo, T. A. (2011):** "Conceptualizing smart city with dimensions of technology, people, and institutions.", **Actas da 12.ª Conferência Internacional Anual de Investigação sobre Governo Digital: Digital Government Innovation in Challenging Times** (pp. 282-291).
6. **Hashem, I. A. T., Yaqoob, I., Anuar, N. B., Mokhtar, S., Gani, A., Khan, S. U. (2015):** "A ascensão do "big data" na computação em nuvem: Review and open research issues.", **Information Systems,** 47, 98-115.
7. **Zheng, Y., Capra, L., Wolfson, O., Yang, H. (2014):** "Urban computing: concepts, methodologies, and applications.", **ACM Transactions on Intelligent Systems and Technology (TIST),** 5(3), 1-55.
8. **Bibri, S. E. (2018):** "A IoT para cidades inteligentes e sustentáveis do futuro: An analytical framework for sensor-based big data applications for environmental sustainability.", **Sustainable Cities and Society**, 38, 230-253.
9. **Kitchin, R., McArdle, G. (2016):** "Dados urbanos e painéis de controlo das cidades: Six key issues.", **In International Journal of Urban and Regional Research,** 40(3), 558-566.
10. **Glaeser, E. L., Hillis, A. (2016):** "Cidades inteligentes: Quality of life, productivity, and the growth effects of human capital". **Em Actas da Conferência Anual da Associação de Estudos Regionais.**

Capítulo 7

IA e robótica para cidades conectadas

A inteligência artificial (IA) e a robótica desempenham um papel crucial no desenvolvimento e funcionamento das cidades inteligentes, ajudando a criar ambientes urbanos mais eficientes, sustentáveis e centrados nas necessidades dos cidadãos.

A IA e a robótica são componentes essenciais para o desenvolvimento de cidades conectadas, ajudando a resolver problemas complexos, a melhorar a eficiência operacional e a criar ambientes urbanos mais seguros, sustentáveis e centrados nos cidadãos.

A IA e a robótica estão a tornar-se os pilares da inovação urbana, transformando as cidades em entidades inteligentes e conectadas (Figura 7.1). Este capítulo analisa o potencial transformador da inteligência artificial (IA) e da robótica em ambientes urbanos, destacando aplicações práticas, ferramentas, vantagens, limitações e perspectivas futuras.

Figura 7.1: A IA no contexto da cidade do futuro com um sistema robótico.

7.1 - Revisão da bibliografia

À medida que as cidades evoluem para entidades inteligentes e conectadas, a IA e a robótica desempenham papéis cruciais na melhoria da vida e das infra-estruturas urbanas. De seguida, resumimos a bibliografia utilizada.

7.1.1 - Aplicações da IA e da robótica nos centros urbanos

A IA e a robótica estão a ser cada vez mais integradas nos sistemas urbanos para enfrentar vários desafios e melhorar a eficiência. De acordo com Batty (2018),

As aplicações de IA nos centros urbanos vão desde os sistemas de gestão de tráfego que prevêem e aliviam o congestionamento até às redes inteligentes que optimizam a distribuição de energia. Por exemplo, a manutenção preditiva baseada em IA nos transportes públicos pode reduzir significativamente o tempo de inatividade e os custos operacionais.

A robótica também encontrou inúmeras aplicações em ambientes urbanos. Ferrer e Perez (2018) analisam a forma como os robôs estão a ser utilizados em tarefas como a gestão de resíduos, a vigilância e os serviços de entrega. Estas aplicações não só melhoram a eficiência dos serviços, como também contribuem para a segurança e a limpeza dos ambientes urbanos.

7.1.2 - O papel da IA na transformação urbana

A IA é fundamental para transformar as cidades em entidades mais inteligentes e reactivas. Townsend (2013) sublinha que a análise de dados baseada na IA permite que as cidades tomem decisões informadas em tempo real, conduzindo a uma melhor afetação de recursos e a serviços públicos melhorados. Ao analisar grandes conjuntos de dados, a IA pode identificar padrões e tendências que não são imediatamente aparentes, facilitando assim uma gestão urbana proactiva.

7.1.3 - Ferramentas de IA em cidades conectadas

Várias ferramentas de IA são utilizadas nas cidades conectadas para simplificar as operações e melhorar a qualidade de vida. Kitchin (2014) destaca a utilização de algoritmos de aprendizagem automática para análises preditivas, que podem prever tudo, desde padrões meteorológicos a condições de tráfego. Além disso, as ferramentas de processamento de linguagem natural (PNL) são utilizadas para analisar os meios de comunicação social e o feedback do público, ajudando os administradores das cidades a compreender e a responder mais eficazmente às preocupações dos cidadãos.

7.1.4 - Aplicações de IA em cidades conectadas

As aplicações práticas da IA em cidades conectadas são diversas e impactantes. Lee e Lee (2014) dão exemplos de serviços de cidades inteligentes melhorados pela IA, como sistemas de transporte inteligentes que optimizam os percursos com base em dados de tráfego em tempo real e sistemas de resposta a emergências que mobilizam recursos de forma mais eficiente durante as crises. Além disso, a IA é utilizada na monitorização ambiental para prever os níveis de poluição e sugerir estratégias de atenuação.

7.1.5 - Perspectivas de utilização da IA no futuro

As perspectivas para a IA em ambientes urbanos são vastas. Chen et al. (2020) discute o potencial da IA para revolucionar o planeamento urbano utilizando simulações avançadas que modelam o impacto de vários cenários de desenvolvimento. À medida que a tecnologia de IA continua a evoluir, espera-se que as suas aplicações nos centros urbanos se tornem ainda mais sofisticadas e generalizadas, impulsionando novas melhorias nos padrões de vida urbanos.

7.1.6 - O papel da robótica nas cidades inteligentes

A robótica desempenha um papel crucial no desenvolvimento de cidades inteligentes, automatizando tarefas e melhorando a eficiência operacional.

De acordo com Sukumar e Ferrell (2013), os robôs são utilizados na manutenção de infra-estruturas, como a inspeção e a reparação de pontes e túneis, reduzindo assim o risco e os custos associados ao trabalho humano. Além disso, os sistemas robóticos são utilizados na segurança pública, ajudando as autoridades policiais a monitorizar e a responder a incidentes.

7.1.7 -Automatização e robôs urbanos

A automatização dos sistemas urbanos através da robótica conduz a avanços significativos na eficiência e na prestação de serviços. Thakuriah et al. (2017) observam que os robôs urbanos podem realizar tarefas repetitivas, como a limpeza das ruas e a recolha de resíduos, de forma mais consistente e eficiente do que os trabalhadores humanos. Esta automatização não só aumenta a fiabilidade do serviço, como também liberta recursos humanos para tarefas mais complexas.

7.1.8 - A utilização de robots e de sistemas urbanos automatizados

Os exemplos de robots urbanos e sistemas automatizados são numerosos e variados. Por exemplo, os robôs de entrega autónomos são utilizados para transportar mercadorias nos centros das cidades, reduzindo o congestionamento do tráfego e os tempos de entrega. Ferrer e Perez (2018) descrevem como os sistemas robóticos também são utilizados na agricultura urbana, onde monitorizam e gerem o crescimento das culturas, garantindo condições ideais para a produção de alimentos dentro dos limites da cidade.

7.1.9 - Vantagens e limitações da robótica urbana

A robótica urbana oferece várias vantagens, incluindo o aumento da eficiência, a redução dos custos operacionais e a melhoria da qualidade do serviço. No entanto, há também limitações a considerar. Goodchild (2013) chama a atenção para questões relacionadas com a qualidade e a fiabilidade dos dados utilizados pelos robôs, que podem afetar o seu desempenho. Além disso, existem preocupações sobre a deslocação de postos de trabalho e a necessidade de quadros regulamentares sólidos para gerir a integração de robôs em ambientes urbanos.

Um exemplo de um sistema de assistência urbana inteligente é a utilização de chatbots alimentados por IA para fornecer informações e assistência aos residentes. Estes sistemas podem responder a perguntas sobre serviços públicos, fornecer actualizações em tempo real sobre o tráfego e as condições meteorológicas e até ajudar em situações de emergência, orientando os utilizadores através dos passos necessários. Estes sistemas aumentam a acessibilidade aos serviços da cidade e melhoram a experiência geral de vida urbana.

7.2 - Exemplos de aplicações de IA e Robótica em centros urbanos

As aplicações de IA, bases de dados e robótica desempenham um papel crucial nas cidades inteligentes, melhorando a eficiência, a sustentabilidade e a qualidade de vida dos cidadãos.

A IA optimiza os serviços urbanos, como a gestão do tráfego, a monitorização da segurança e a administração dos recursos energéticos, analisando grandes quantidades de dados em tempo real. As bases de dados centralizam esta informação para uma tomada de decisão rápida e informada.

A robótica contribui para várias tarefas, como a entrega autónoma, a limpeza de espaços públicos e a manutenção de infra-estruturas, reduzindo os custos e aumentando a precisão operacional.

Em conjunto, estas tecnologias transformam os centros urbanos em ambientes mais inteligentes, mais seguros e mais sustentáveis.

Eis alguns aspectos fundamentais da importância da IA e da robótica para as cidades conectadas.

7.2.1 Tráfego inteligente, sistemas de gestão e veículos autónomos

A IA é utilizada para analisar dados de tráfego em tempo real, otimizar os semáforos, prever o congestionamento e facilitar a gestão dinâmica do tráfego. A robótica, combinada com a IA, permite o desenvolvimento de veículos autónomos que podem ajudar a reduzir o congestionamento do tráfego, melhorar a segurança rodoviária e fornecer soluções de mobilidade mais eficientes (Figura 7.2).

Figura 7.2: Veículos autónomos - Robótica combinada com IA.

7.2.2 Segurança pública: Vigilância Inteligente

Os sistemas de vigilância alimentados por IA podem detetar automaticamente actividades suspeitas, melhorando a segurança pública (Figura 7.3). Os drones com IA são utilizados para vigilância aérea, controlo de multidões em eventos e operações de socorro em caso de catástrofe.

Figura 7.3: Sistemas de vigilância inteligentes.

7.2.3 Gestão de resíduos: Recolha inteligente de resíduos

Os robôs baseados em IA e os sistemas autónomos podem otimizar a recolha de resíduos com base no nível de enchimento dos contentores, reduzindo os custos operacionais e minimizando as emissões (Figura 7.4).

Figura 7.4: Recolha inteligente de resíduos.

7.2.4 Eficiência energética - Gestão inteligente da energia

A IA é utilizada para monitorizar e otimizar o consumo de energia em edifícios e infra-estruturas urbanas, promovendo assim a eficiência energética e a redução de custos (Figura 7.5).

Figura 7.5: Gestão inteligente da energia.

7.2.5 Serviços inteligentes de emergência e saúde: Robôs de primeiros socorros e assistência a idosos

Os robots com inteligência artificial podem ser utilizados para prestar assistência rápida em situações de emergência médica ou de catástrofe (Figura 7.6). Os robôs inteligentes podem ajudar as pessoas idosas, facilitando a sua vida quotidiana.

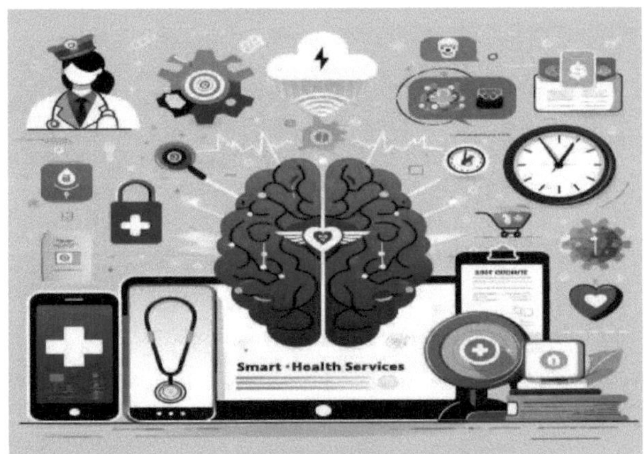

Figura 7.6: Serviços de saúde inteligentes.

7.2.6 Administração e serviços aos cidadãos: Assistência virtual e análise de sentimentos

-Os chatbots podem ser utilizados para fornecer informações aos cidadãos (Figura 7.7), processar pedidos de serviços e melhorar a eficiência da interação com a administração municipal.

A IA também permite analisar dados das redes sociais para avaliar os sentimentos dos cidadãos em relação aos serviços municipais e ajudar a orientar as decisões políticas.

Figura 7.7: Serviço ao Cidadão Inteligente.

7.2.7 Gestão de recursos naturais: Monitorização ambiental

Os drones e os sensores inteligentes que utilizam a IA podem monitorizar a qualidade do ar, da água e do solo, contribuindo para a gestão sustentável dos recursos naturais (Figura 7.8).

Figura 7.8: Monitorização ambiental inteligente.

7.2.8 Espaços urbanos inteligentes: Manutenção Preditiva

A IA pode prever as necessidades de manutenção das infra-estruturas urbanas, como pontes, estradas e edifícios, prolongando a sua vida útil e reduzindo os custos (Figura 7.9).

Figura 7.9: Manutenção preditiva de espaços urbanos inteligentes.

7.2.9 Educação e inovação: Sistemas de aprendizagem automática

Os sistemas de aprendizagem automática baseados em IA podem personalizar os programas educativos, facilitar o acesso à educação em linha e impulsionar a inovação na investigação e no desenvolvimento tecnológico (Figura 7.10).

Figura 7.10: Sistemas de aprendizagem automática baseados em IA.

7.3 - O papel da IA na transformação urbana - Ferramentas de IA em cidades conectadas

A IA refere-se à capacidade de as máquinas realizarem tarefas que normalmente requerem inteligência humana. No contexto das cidades conectadas, a IA desempenha um papel crucial na automatização de processos complexos e no fornecimento de informações para a tomada de decisões informadas e tem uma importância crucial na transformação das cidades conectadas, desde os fundamentos teóricos até às aplicações concretas que melhoram a vida quotidiana dos cidadãos.

Podemos considerar a IA como um motor que impulsiona a transformação das cidades em entidades inteligentes e conectadas. Permite otimizar recursos, resolver problemas complexos e antecipar as necessidades dos cidadãos.

7.3.1 - Análise preditiva com IA - Utilizar dados para prever padrões

A análise preditiva com IA é crucial para as cidades inteligentes, uma vez que utiliza algoritmos para analisar grandes conjuntos de dados e identificar tendências, permitindo a antecipação de padrões futuros, a otimização de recursos e um melhor planeamento urbano.

A IA utiliza dados para prever padrões, otimizar recursos e melhorar a tomada de decisões na gestão urbana.

A análise preditiva envolve a utilização de algoritmos de IA para analisar grandes conjuntos de dados e identificar tendências, facilitando a previsão de padrões futuros. No contexto urbano, isto permite antecipar necessidades, otimizar recursos e reforçar o planeamento.

Utilizando algoritmos complexos de IA, a análise preditiva oferece às autoridades municipais a capacidade de prever padrões futuros, tomar decisões informadas e otimizar vários aspectos da gestão urbana.

Eis alguns exemplos que mostram a importância da análise preditiva com IA no contexto das cidades inteligentes:

- **Antecipação das tendências da mobilidade: Previsão de tráfego**
  A análise preditiva pode utilizar dados históricos e em tempo real para antecipar os padrões de tráfego. Isto permite ajustar as rotas, evitar engarrafamentos e melhorar a gestão da mobilidade urbana.

- **Otimização dos recursos energéticos: Previsão da procura de energia**
  Ao utilizar modelos preditivos, as autoridades podem antecipar picos de procura de energia, otimizar a produção de energia e incentivar a utilização eficiente dos recursos energéticos.

- **Gestão Preditiva de Resíduos: Previsão do nível de enchimento de contentores**
  A análise preditiva pode ser utilizada para antecipar o enchimento dos contentores de resíduos, permitindo uma recolha mais eficiente e uma utilização optimizada dos recursos.

- **Segurança pública e prevenção da criminalidade: Modelação do crime**
  Através da utilização de modelos preditivos, as autoridades podem antecipar as áreas de risco e utilizar os recursos de forma proactiva para prevenir a criminalidade.

- **Manutenção Preditiva de Infra-estruturas: Previsão das necessidades de manutenção**

A análise preditiva pode antecipar as necessidades de manutenção das infra-estruturas urbanas, reduzindo o tempo de inatividade e prolongando a vida útil dos activos.

- **Planeamento urbano e imobiliário: Previsão das tendências demográficas**
  A análise preditiva pode ajudar a antecipar as alterações demográficas, orientando assim o planeamento urbano e imobiliário para satisfazer as necessidades futuras da população.

- **Gestão dos serviços públicos: Antecipação dos pedidos de serviços**
  Ao analisar os padrões de procura anteriores, as autoridades podem antecipar os períodos de pico de utilização dos serviços públicos e planear em conformidade.

- **Melhorar os serviços de saúde: Previsão de epidemias**
  A análise preditiva pode ser utilizada para antecipar surtos de doenças, permitindo uma resposta rápida dos departamentos de saúde e das autoridades municipais.

- **Personalização de serviços: Personalização dos Serviços ao Cidadão**
  Utilizando a análise preditiva, as cidades inteligentes podem personalizar os serviços para satisfazer as necessidades específicas dos cidadãos, melhorando a satisfação e o envolvimento.

- **Otimização dos transportes públicos: Previsão de Fluxos de Passageiros**
  A análise preditiva com IA proporciona às cidades inteligentes a capacidade de antecipar padrões futuros, ajustar as operações em conformidade e criar ambientes urbanos mais resilientes e eficientes. Isto contribui para uma utilização mais inteligente dos recursos, uma melhor qualidade de vida para os cidadãos e uma gestão proactiva dos desafios urbanos.

A análise preditiva pode ser utilizada para antecipar os fluxos de passageiros nos transportes públicos, permitindo um planeamento mais eficiente e a otimização dos serviços.

7.3.2 - Otimização de recursos e tomada de decisões

A otimização de recursos e a tomada de decisões são elementos essenciais numa cidade inteligente para garantir uma gestão eficiente, sustentável e adaptável dos serviços urbanos. Ao integrar a análise preditiva, as cidades podem otimizar a utilização de recursos como os transportes públicos, a energia e os serviços municipais. A tomada de decisões torna-se mais informada, contribuindo para uma gestão urbana eficaz.

Aqui reside a importância da otimização dos recursos e da tomada de decisões no contexto das cidades inteligentes:

- **Eficiência operacional: Otimização de recursos**
  A gestão inteligente de recursos, alimentada por dados em tempo real e análises preditivas, ajuda a otimizar a utilização de bens e infra-estruturas urbanas, reduzindo os custos operacionais.

- **Gestão dinâmica do tráfego e da mobilidade: Tomada de decisões em tempo real**
  Utilizando dados de tráfego em tempo real, as autoridades podem tomar decisões rápidas para otimizar o fluxo de tráfego, minimizar o congestionamento e facilitar a mobilidade urbana.

- **Otimização do consumo de energia: Gestão Inteligente de Energia**

A utilização de sensores e sistemas de automação permite ajustar o consumo de energia em tempo real, optimizando assim a eficiência energética e reduzindo os custos.

- **Manutenção Preditiva de Infra-estruturas: Prevenção de falhas**
A análise preditiva dos dados de manutenção ajuda a antecipar potenciais falhas na infraestrutura, facilitando a manutenção preventiva e reduzindo o tempo de inatividade.

- **Recolha inteligente de resíduos: Otimização das rotas de recolha**
Ao utilizar dados em tempo real sobre os níveis de enchimento dos contentores, os serviços de recolha de resíduos podem otimizar as suas rotas, poupando tempo e recursos e reduzindo o impacto ambiental.

- **Gestão de recursos hídricos: Monitorização e Conservação**
Os sensores inteligentes podem monitorizar a qualidade da água, antecipar as necessidades de água e contribuir para uma gestão sustentável dos recursos hídricos.

- **Planeamento urbano e imobiliário: Decisões informadas por dados**
As autoridades podem tomar decisões informadas sobre o planeamento urbano utilizando dados demográficos, de mobilidade e de utilização dos solos, garantindo um crescimento urbano equilibrado.

- **Resposta a situações de emergência: Tomada de decisões em tempo real**
Em caso de situações de emergência, a recolha e análise de dados em tempo real permite uma rápida tomada de decisões para coordenar os esforços de socorro, minimizando os impactos na segurança pública.
- **Personalização dos serviços aos cidadãos: Adaptação às necessidades individuais**
A recolha e análise de dados permite a personalização dos serviços para responder às necessidades específicas dos cidadãos, melhorando a sua experiência urbana.

- **Apoio à decisão política: Base factual para as decisões**
Os dados fornecem uma base factual aos decisores políticos, promovendo decisões informadas e alinhadas com as necessidades da população.

- **Promover a sustentabilidade: Gestão Sustentável dos Recursos**
A otimização dos recursos contribui para a sustentabilidade através da redução dos resíduos, da poupança de energia e da promoção de uma utilização mais eficiente dos recursos naturais.

- **Envolvimento dos cidadãos: Transparência e participação**
Ao partilhar dados transparentes, os cidadãos podem ser envolvidos no processo de tomada de decisões, contribuindo assim para uma governação mais participativa e transparente.

A otimização de recursos e a tomada de decisões numa cidade inteligente são cruciais para maximizar a eficiência operacional, melhorar a qualidade de vida dos cidadãos e promover a sustentabilidade a longo prazo. Isto depende da utilização criteriosa da recolha de dados, da análise preditiva e das tecnologias de automatização para garantir uma gestão urbana ágil e adaptável.

7.4 - Exemplos de aplicações de IA em cidades conectadas

Eis alguns exemplos de aplicações concretas da IA na gestão do tráfego, no planeamento urbano e na prestação de serviços municipais.

7.4.1 - Gestão Inteligente do Tráfego (ITM)

A IA é utilizada para analisar dados de tráfego em tempo real, prever congestionamentos, otimizar semáforos e sugerir percursos alternativos, reduzindo assim os engarrafamentos e melhorando o fluxo de tráfego.

A gestão do tráfego (ITM) numa cidade inteligente baseia-se na utilização de tecnologias avançadas para monitorizar, analisar e gerir o tráfego de forma dinâmica. É uma componente crucial das cidades inteligentes, com o objetivo de otimizar o tráfego rodoviário, reduzir os engarrafamentos, melhorar a segurança rodoviária e proporcionar uma experiência de mobilidade mais suave aos cidadãos.

Isto ajuda a criar cidades que são mais fluidas, eficientes e agradáveis para os residentes. Eis como funciona a Gestão Inteligente do Tráfego no contexto de uma cidade inteligente:

- **Sensores e dados em tempo real: Sensores de tráfego**

São instalados sensores inteligentes em toda a cidade para monitorizar o tráfego em tempo real. Estes sensores podem ser câmaras, laços indutivos, sensores de radar e outras tecnologias.

- **Análise de dados de tráfego: Sistemas de análise de tráfego**

Os dados recolhidos pelos sensores são analisados em tempo real. Os sistemas de análise utilizam algoritmos para avaliar as condições de tráfego, identificar pontos de congestionamento e antecipar potenciais problemas.

- **Sistemas de gestão de tráfego: Semáforos inteligentes**

Os sistemas de gestão de tráfego podem ajustar dinamicamente os semáforos com base nas condições de tráfego actuais. Desta forma, é possível otimizar o fluxo de veículos e minimizar os tempos de espera.

- **Informação em tempo real para os condutores: Sinais dinâmicos e aplicações móveis**

As informações sobre as condições de tráfego, percursos alternativos e eventos actuais são divulgadas aos condutores através de painéis dinâmicos, aplicações móveis e outros canais de comunicação.

- **Gestão das faixas reversíveis e adaptativas: Faixas reversíveis e adaptação da sinalização rodoviária**

Alguns sistemas de gestão do tráfego podem converter as faixas de rodagem numa direção específica em faixas reversíveis com base nas necessidades do tráfego. As marcações rodoviárias podem ser adaptáveis, permitindo que a configuração das faixas se altere dinamicamente em função das condições de tráfego.

- **Controlo de acesso às zonas urbanas: Sistemas Dinâmicos de Portagens**

A GTI pode incluir sistemas de portagem dinâmicos, que ajustam as taxas de acordo com as horas de ponta para incentivar uma utilização mais eficiente das estradas.

- **Gestão de eventos especiais e emergências: Adaptação para eventos**
A GTI pode ser adaptada para gerir os fluxos de tráfego durante eventos especiais, manifestações ou emergências, assegurando uma coordenação eficaz.

- **Análise Preditiva de Tráfego: Previsão de congestionamento**
Ao utilizar modelos preditivos, a GTI pode antecipar períodos de congestionamento e tomar medidas proactivas para minimizar os engarrafamentos.

- **Integração com os transportes públicos: Coordenação com autocarros e comboios**
As GTI são frequentemente integradas nos sistemas de transportes públicos para assegurar uma coordenação harmoniosa entre os diferentes modos de transporte.

- **Comunicação com veículos conectados: Troca de informações com veículos**
O GTI pode comunicar com veículos conectados para fornecer informações em tempo real e receber dados sobre o estado do tráfego diretamente dos veículos.

- **Monitorização da qualidade do ar: Sensores de qualidade do ar**
Alguns sistemas GTI incorporam sensores de qualidade do ar para monitorizar o impacto do tráfego no ambiente e ajustar as políticas de tráfego em conformidade.

- **Avaliação do desempenho e melhorias contínuas: Análise Retrospetiva**
O desempenho do GTI é avaliado regularmente com base em dados históricos, o que permite efetuar ajustamentos para melhorar continuamente a eficiência do sistema.

7.4.2 - **Planeamento urbano dinâmico**

Os sistemas de IA **ajudam a** antecipar o crescimento da população, as alterações na utilização dos solos e fornecem modelos de planeamento urbano para criar ambientes mais sustentáveis e resilientes.

O Planeamento Urbano Dinâmico é uma abordagem inovadora no contexto das cidades inteligentes, utilizando tecnologias avançadas para adaptar e ajustar de forma flexível os planos urbanos com base nas alterações do ambiente, da demografia, das necessidades dos cidadãos e de outros factores.

Uma cidade inteligente integra tecnologias de recolha de dados em tempo real, análise preditiva e participação dos cidadãos para criar ambientes urbanos adaptáveis, resilientes e alinhados com as necessidades em evolução da população.

O Planeamento Urbano Dinâmico contribui para tornar as cidades inteligentes mais eficientes, agradáveis para viver e preparadas para o futuro, utilizando os seguintes elementos

- **Dados em tempo real: Sensores inteligentes**
A recolha de dados em tempo real a partir de sensores inteligentes localizados em toda a cidade proporciona uma visão constantemente actualizada das condições urbanas, como o tráfego, a qualidade do ar, o consumo de energia e muito mais.

- **Análise de dados em tempo real: Análise Preditiva**

Os dados em tempo real são analisados utilizando algoritmos de previsão para antecipar tendências futuras, permitindo às autoridades tomar decisões informadas com base em potenciais desenvolvimentos.

- **Modelos urbanos dinâmicos: Modelos de Simulação**
  Os modelos informáticos dinâmicos são utilizados para simular vários cenários urbanos com base em dados e previsões em tempo real. Estes modelos podem ter em conta o crescimento demográfico, as alterações climáticas, as novas tecnologias, etc.

- **Participação dos cidadãos: Plataformas de envolvimento**
  Os cidadãos estão envolvidos no processo de planeamento urbano através de plataformas digitais que recolhem os seus comentários, sugestões e preocupações. Esta participação dos cidadãos contribui para a tomada de decisões em colaboração.

- **Adaptação a eventos especiais: Eventos e situações de emergência**
  O planeamento urbano dinâmico pode adaptar-se rapidamente a eventos especiais, como festivais, protestos ou situações de emergência, ajustando os fluxos de tráfego, os serviços de emergência, etc.

- **Coordenação com os transportes públicos: Sistemas Integrados**
  O planeamento urbano dinâmico é frequentemente integrado nos sistemas de transportes públicos para garantir uma coordenação eficaz entre os diferentes modos de transporte, promovendo assim uma mobilidade urbana integrada.

- **Utilização eficiente do espaço urbano: Otimização da utilização do solo**
  Utilizando dados de utilização do solo em tempo real, o planeamento urbano dinâmico pode otimizar a distribuição de áreas residenciais, comerciais e industriais para satisfazer as necessidades em mudança da população.

- **Reduzir o impacto ambiental: Energia e emissões**
  Um planeamento urbano dinâmico pode ajudar a reduzir o impacto ambiental, optimizando a utilização dos recursos, promovendo modos de transporte sustentáveis e integrando soluções eco-eficientes.

- **Resposta às alterações climáticas: Adaptação ao clima**
  Os modelos dinâmicos de planeamento urbano podem incorporar estratégias para fazer face às alterações climáticas, como a adaptação à subida do nível do mar, a redução das ilhas de calor urbanas, etc.

- **Infra-estruturas conectadas e inteligentes: Conectividade inteligente**
  A infraestrutura da cidade, incluindo a iluminação, as redes eléctricas, os transportes, etc., está integrada para permitir uma gestão centralizada e ajustes dinâmicos em tempo real.

- **Avaliação Retrospetiva e Ajustamentos Contínuos: Revisão e Adaptação**
  O planeamento urbano dinâmico implica uma avaliação constante dos resultados alcançados em relação aos objectivos estabelecidos, conduzindo a ajustamentos contínuos para satisfazer as necessidades em evolução da cidade.

- **Melhorar a qualidade de vida: Foco no bem-estar**
  O objetivo final do planeamento urbano dinâmico é melhorar a qualidade de vida dos cidadãos através da criação de ambientes urbanos adaptáveis, sustentáveis e de apoio.

7.4.3 - Melhoria da prestação de serviços municipais

A utilização da IA numa cidade inteligente para melhorar a prestação de serviços municipais é uma prática cada vez mais generalizada. A integração da IA nos serviços municipais permite uma resposta rápida às necessidades dos cidadãos, desde a manutenção preditiva das infra-estruturas até à otimização dos horários dos transportes públicos.

A IA é um poderoso motor para melhorar a prestação de serviços municipais numa cidade inteligente, fornecendo capacidades avançadas de análise, processamento de dados e automatização, permitindo a otimização de vários serviços urbanos.

Permite a automatização eficaz, a personalização dos serviços, a gestão proactiva dos recursos e a otimização global das operações urbanas, ajudando assim a criar ambientes urbanos mais inteligentes, eficientes e adaptáveis.

Eis alguns exemplos de como a IA é utilizada para melhorar a prestação de serviços municipais numa cidade inteligente:

- **Serviço ao cliente e assistência virtual: Chatbots e agentes virtuais**

Os chatbots são utilizados para prestar assistência automatizada aos cidadãos, responder às suas perguntas, orientá-los nos procedimentos administrativos e oferecer apoio ao cliente 24 horas por semana.

- **Gestão de Pedidos e Reclamações: Automatização de processos**

A IA pode automatizar o tratamento dos pedidos e queixas dos cidadãos, analisando e classificando automaticamente as consultas, acelerando assim a resolução dos problemas.

- **Planeamento e gestão do tráfego: Otimização do fluxo**

A IA analisa dados de tráfego em tempo real para otimizar os semáforos, identificar pontos de congestionamento e sugerir rotas alternativas, contribuindo assim para uma gestão mais eficiente do tráfego.

- **Recolha inteligente de resíduos: Otimização de rotas**

Os algoritmos de IA podem otimizar as rotas de recolha de resíduos com base na lotação dos contentores, reduzindo os custos operacionais e melhorando a eficiência.

- **Manutenção Preditiva de Infra-estruturas: Monitorização e Análise**

A IA monitoriza continuamente o estado das infra-estruturas urbanas, identificando sinais de degradação, prevendo as necessidades de manutenção e contribuindo assim para uma gestão proactiva dos activos.

- **Personalização de Serviços: Análise de Preferências**

A IA analisa os dados para compreender as preferências individuais dos cidadãos, permitindo a personalização dos serviços públicos, como a iluminação pública, a recolha de resíduos, etc.

- **Previsão de pedidos de serviço: Modelos preditivos**

A IA utiliza modelos preditivos para antecipar a procura de serviços municipais, ajudando as autoridades a afetar recursos de forma eficiente e a prestar serviços com base nas necessidades futuras.

- **Segurança pública e prevenção da criminalidade: Análise dos padrões de criminalidade**

A IA analisa os dados da criminalidade para identificar padrões e áreas de risco, facilitando a prevenção de crimes e a aplicação eficaz da lei.

- **Gestão de recursos hídricos e energéticos: Monitorização e Otimização**
  A IA monitoriza o consumo de água e energia, identifica oportunidades de otimização e contribui para uma utilização mais sustentável e eficiente destes recursos.

- **Análise de sentimentos e feedback dos cidadãos: Avaliação do feedback**
  A IA analisa os sentimentos expressos pelos cidadãos nas redes sociais e noutros canais, fornecendo informações valiosas para avaliar a satisfação e ajustar os serviços em conformidade.

- **Educação e aprendizagem automática: Sistemas de aprendizagem automática**
  A IA é utilizada na educação para personalizar os programas de aprendizagem, identificar as necessidades específicas dos alunos e melhorar a qualidade do ensino.

- **Avaliação do desempenho e melhoria contínua: Análise de resultados**
  A IA avalia o desempenho dos serviços municipais com base em indicadores predefinidos, permitindo a melhoria contínua dos processos e dos resultados.

7.5 - Perspectivas de utilização da IA no futuro

O futuro da utilização da IA nas cidades inteligentes oferece perspectivas promissoras, com inovações esperadas em várias áreas, proporcionando oportunidades para melhorar a qualidade de vida dos cidadãos, otimizar as operações urbanas e criar ambientes urbanos mais sustentáveis e inteligentes. No entanto, tal exigirá uma gestão cuidadosa da privacidade, da segurança e dos desafios éticos, utilizando:

- **Maior conetividade:** A IA melhorará a conetividade entre os sistemas urbanos, assegurando uma comunicação e integração perfeitas entre várias funções da cidade, como os transportes, os serviços de utilidade pública e os serviços públicos. Esta interligação permitirá operações mais eficientes e coordenadas, criando, em última análise, um ambiente urbano mais reativo e adaptável.
- **Inovação contínua:** A evolução contínua da IA conduzirá a inovações contínuas na gestão urbana, introduzindo novas tecnologias e metodologias para lidar com as infra-estruturas da cidade, a gestão do tráfego, a distribuição de energia e a segurança pública. Estes avanços ajudarão as cidades a tornarem-se mais resilientes, sustentáveis e mais bem equipadas para satisfazer as necessidades em constante mudança das suas populações.

- **Melhor qualidade de vida:** A implementação de soluções baseadas em IA irá melhorar significativamente a qualidade de vida dos cidadãos, fornecendo serviços mais eficientes, reduzindo o congestionamento, aumentando a segurança e oferecendo experiências personalizadas. Por exemplo, a IA pode otimizar as rotas dos transportes públicos, reduzir o consumo de energia e melhorar a prestação de cuidados de saúde, contribuindo para uma experiência de vida urbana mais saudável, conveniente e agradável.

Eis algumas perspectivas fundamentais sobre a utilização da IA nas cidades inteligentes:

- **Mobilidade urbana inteligente: Transporte Autónomo**

A integração da IA nos sistemas de transporte públicos e privados conduzirá a uma maior adoção de veículos autónomos, melhorando assim a segurança rodoviária e a eficiência do tráfego.

- **Redes de energia inteligentes: Gestão de energia**
  A IA será cada vez mais utilizada para otimizar a produção, a distribuição e o consumo de energia, apoiando a transição para redes de energia mais inteligentes e mais sustentáveis.

- **Infra-estruturas inteligentes: Manutenção Preditiva**
  A IA será crucial para a manutenção preditiva das infra-estruturas, permitindo uma gestão proactiva dos activos urbanos, como pontes, estradas e redes de água.

- **Gestão de emergências e catástrofes: Prevenção e resposta**
  A IA contribuirá para uma melhor prevenção das catástrofes naturais através da análise dos dados climáticos, bem como para uma resposta mais rápida e coordenada em caso de emergência.

- **Serviços de saúde inteligentes: Telemedicina e diagnóstico**
  Telemedicina e diagnósticos: A IA nos cuidados de saúde permitirá diagnósticos mais rápidos e mais exactos, bem como a implantação de soluções de telemedicina para melhorar o acesso aos cuidados.

- **Gestão inteligente da água: Monitorização e Previsão**
  A IA será utilizada para monitorizar a qualidade da água, prever a escassez e otimizar a utilização dos recursos hídricos nas cidades.

- **Análise em tempo real dos dados dos cidadãos: Participação dos cidadãos**
  A IA facilitará uma análise mais sofisticada dos dados dos cidadãos, permitindo uma participação mais significativa dos residentes nos processos de tomada de decisões urbanas.

- **Melhorar a experiência do cidadão: Personalização dos serviços**
  A IA será utilizada para personalizar os serviços municipais com base nas preferências individuais, melhorando a experiência global dos cidadãos.

- **Melhoria da segurança pública: Análise preditiva da criminalidade**
  A IA permitirá uma análise preditiva mais avançada das tendências da criminalidade, reforçando a segurança pública.

- **Governação inteligente: Tomada de decisões informatizada**
  A IA apoiará os processos de tomada de decisões, fornecendo análises avançadas e avaliando os potenciais impactos de diferentes políticas urbanas.

- **Internet das coisas (IoT) e computação periférica: Interoperabilidade**
  A IA trabalhará em conjunto com a IdC para criar ambientes interligados onde os dispositivos recolhem e partilham dados para uma gestão urbana mais eficaz.

- **Evolução da cibersegurança: Proteção das infra-estruturas**
  A IA desempenhará um papel fundamental no reforço da cibersegurança das infra-estruturas críticas nas cidades inteligentes, prevenindo potenciais ataques.

- **Educação inteligente: Adaptação às necessidades individuais**
  A IA na educação permitirá programas de aprendizagem adaptativos, satisfazendo as necessidades específicas de cada aluno.

- **Economia inteligente e novos empregos: Criação de novos postos de trabalho**
  Embora alguns empregos tradicionais venham a ser automatizados, a IA também criará novos empregos em áreas como o desenvolvimento e a gestão de tecnologias emergentes.

- **Ética e gestão de dados: Proteção da privacidade**
  O desenvolvimento de normas éticas e de quadros de gestão de dados será crucial para garantir que a IA nas cidades inteligentes respeite a privacidade dos cidadãos.

7.6 - O papel da robótica nas cidades inteligentes

A utilização da robótica nas cidades inteligentes cria ambientes urbanos mais eficientes e sustentáveis, melhorando a eficiência operacional, reduzindo os custos, reforçando a segurança e fornecendo serviços personalizados aos cidadãos (Figura 7.11).

A robótica desempenha um papel central significativo na transformação das cidades, melhorando a eficiência dos serviços e contribuindo para a sustentabilidade urbana. No entanto, levanta também questões éticas e de segurança que exigem uma gestão cuidadosa para garantir uma integração harmoniosa.

Figura 7.11: Robótica nas cidades inteligentes.

A evolução da robótica nas *cidades* inteligentes conectadas *é fundamental* para contribuir para vários aspectos da vida urbana, desde a gestão de infra-estruturas até à melhoria dos serviços aos cidadãos, *com a* utilização de robôs para tarefas específicas como a manutenção de infra-estruturas, a recolha de dados e a gestão de resíduos.

Eis alguns dos principais papéis da robótica nas cidades inteligentes:

7.6.1 Manutenção de infra-estruturas

Os robôs podem ser utilizados para inspeção, manutenção e reparação de infra-estruturas críticas, como estradas, pontes, redes de água e linhas eléctricas. Podem aceder a locais de difícil acesso ou perigosos para os seres humanos (Figura 7.12).

Figura 7.12: Robótica na manutenção de linhas de transmissão.

7.6.2 Gestão de resíduos

Os robôs de recolha de resíduos podem ser utilizados para automatizar o processo de recolha de lixo. Podem funcionar de forma autónoma ou ser controlados remotamente, optimizando assim as rotas de recolha e reduzindo os custos operacionais (Figura 7.13).

Figura 7.13: Gestão de resíduos.

7.6.3 Segurança pública

Os robôs podem ser utilizados para monitorizar espaços públicos, detetar actividades suspeitas e aumentar a segurança pública. Alguns robôs estão equipados com câmaras e sensores de deteção e podem patrulhar autonomamente (Figura 7.14).

Figura 7.14: Utilização de drones para a segurança de cidades inteligentes.

7.6.4 Entrega autónoma

Os robôs de entrega autónomos podem ser utilizados para entregar encomendas, medicamentos ou outros bens diretamente aos cidadãos (Figura 7.15). Isto pode ajudar a reduzir o tráfego rodoviário e melhorar a eficiência das entregas.

Figura 7.15: Robôs de entrega autónomos.

7.6.5 Assistência a pessoas idosas ou com deficiência

Os robôs de assistência podem ser concebidos para ajudar os idosos ou as pessoas com deficiência nas suas actividades diárias, fornecendo apoio físico ou logístico (Figura 7.16). Isto ajuda a promover a independência e a qualidade de vida.

Figura 7.16: Robots que prestam assistência a pessoas idosas ou com deficiência.

7.6.6 Limpeza urbana

Os robots de limpeza podem ser utilizados para manter os espaços públicos, limpando ruas, parques e praças. Podem funcionar de forma autónoma ou ser controlados à distância para manter um ambiente limpo (Figura 7.17).

Figura 7.17: Robots a limpar espaços públicos.

7.6.7 Construção e obras públicas

Os robots podem ser utilizados na construção para executar tarefas repetitivas ou perigosas. Os robôs autónomos ou telecomandados podem ser utilizados para escavação, colocação de fundações e outros trabalhos de construção (Figura 7.18).

Figura 7.18: Robots de construção e obras públicas.

7.6.8 Educação e sensibilização

Os robots podem ser utilizados para aumentar a sensibilização para questões ambientais, iniciativas urbanas e outros tópicos educativos. Podem ser colocados em escolas, museus ou espaços públicos para fornecer informações interactivas (Figura 7.19).

Figura 7.19: Robôs para a educação.

7.6.9 Fast Food e Serviço ao Cidadão

Os robôs podem ser utilizados no sector dos serviços alimentares para preparar e servir refeições (Figura 7.20). Alguns robots podem também fornecer informações aos cidadãos nos centros urbanos.

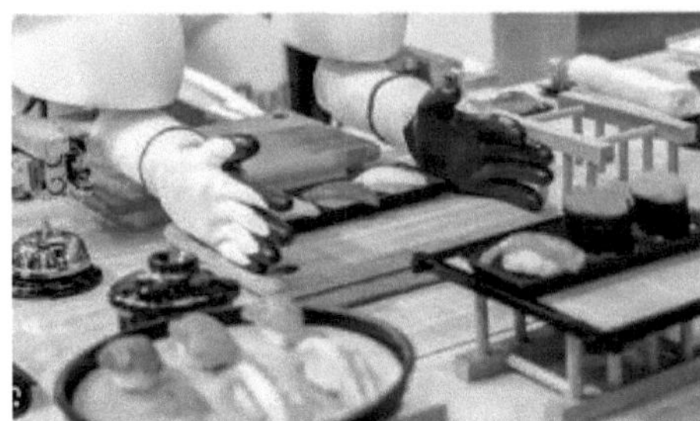

Figura 7.20: Robots de comida rápida.

7.6.10 Manutenção de espaços verdes

Os robôs equipados com sensores e instrumentos específicos podem ser utilizados na manutenção de espaços verdes, no corte de relva, na poda de árvores e noutras actividades paisagísticas (Figura 7.21).

Figura 7.21: Robots para a manutenção de espaços verdes.

7.6.11 Monitorização ambiental

Os robôs podem ser utilizados para monitorizar o ambiente urbano, medir a qualidade do ar, monitorizar as emissões de gases com efeito de estufa e contribuir para uma gestão ambiental mais eficaz (Figura 7.22).

Figura 7.22: Drone de vigilância.

7.6.12 Interações dos cidadãos

Os robôs sociais podem ser utilizados para interagir com os cidadãos, fornecer informações, responder a perguntas e ajudar a melhorar a experiência geral dos serviços públicos (Figura 7.23).

Figura 7.23: Robôs de interação com os cidadãos.

7.7 - Automação e robôs urbanos

A automatização e os robôs urbanos nas cidades inteligentes visam melhorar a qualidade de vida dos cidadãos, otimizar os recursos, reduzir o impacto ambiental e criar ambientes urbanos mais seguros e eficientes.

Atualmente, são considerados componentes-chave das cidades inteligentes, com o objetivo de melhorar a eficiência das operações urbanas, fornecer serviços inovadores e criar ambientes urbanos mais sustentáveis.

No entanto, estas iniciativas exigem uma gestão adequada para garantir a segurança, a confidencialidade dos dados e a compreensão dos cidadãos. Eis alguns aspectos importantes da automatização e dos robots urbanos nas cidades inteligentes:

- **Automatização dos serviços municipais**

A automatização é utilizada para otimizar vários serviços municipais, como a gestão de resíduos, a iluminação pública, a gestão do tráfego, a monitorização de infra-estruturas e a manutenção de espaços públicos. Os sistemas automatizados ajudam a reduzir os custos operacionais e a melhorar a eficiência dos serviços.

- **Recolha de dados e gestão inteligente de resíduos**

Os robôs autónomos podem ser utilizados para recolher dados urbanos em tempo real e para uma gestão eficiente da recolha de resíduos, utilizando sensores para determinar se os contentores estão cheios, permitindo uma recolha orientada e reduzindo o número de viagens desnecessárias, contribuindo assim para a limpeza e a sustentabilidade. Podem também ser utilizados alguns robots de recolha de resíduos.

- **Manutenção Preditiva de Infra-estruturas**

A automatização e a análise preditiva são utilizadas para monitorizar o estado das infra-estruturas urbanas, como estradas, pontes e redes de água e esgotos, em tempo real. Isto ajuda a antecipar as necessidades de manutenção, a reduzir as interrupções e a otimizar a utilização dos recursos.

- **Sistemas de transporte autónomos em espaços urbanos**

A automatização dos transportes urbanos inclui a implantação de veículos autónomos, tais como vaivéns, táxis e autocarros. Estes sistemas autónomos visam melhorar a mobilidade, reduzir os engarrafamentos e fornecer soluções de transporte mais eficientes. Os robôs de entrega autónomos são concebidos para navegar em segurança nos espaços urbanos, evitando obstáculos e fornecendo serviços de entrega mais rápidos e fiáveis.

- **Robôs de entrega autónomos**

A integração da robótica nos sistemas de entrega para melhorar a eficiência, a autonomia e a sustentabilidade dos serviços urbanos. A introdução de drones e robôs de entrega autónomos está a transformar os sistemas de entrega urbana, melhorando a eficiência e reduzindo as emissões de carbono. Os robôs autónomos são utilizados para entregar encomendas, refeições e outros bens. Podem navegar de forma autónoma em passeios e zonas pedonais, ajudando assim a reduzir o tráfego rodoviário.

- **Segurança urbana inteligente**

A automatização da vigilância das cidades utiliza câmaras inteligentes e sistemas de análise de vídeo para detetar actividades suspeitas. Alguns robôs de segurança autónomos podem patrulhar e comunicar incidentes às autoridades.

- **Automação de edifícios e energia**

Os edifícios inteligentes utilizam a automação para otimizar o consumo de energia, regular o aquecimento e a refrigeração com base na presença humana e ajudar a reduzir a pegada ambiental.

- **Robótica de serviço**

Os robôs de serviço são utilizados em funções como a receção em hotéis, a assistência em lojas ou mesmo a gestão de informações em espaços públicos. Estes robots podem interagir com os cidadãos e melhorar a experiência do cliente.

- **Manutenção das infra-estruturas e dos espaços verdes**

Os robôs especializados podem ser utilizados para inspecionar, reparar e manter infra-estruturas urbanas, como pontes, estradas e redes de abastecimento. Um exemplo é a utilização de robôs automatizados para a manutenção de espaços verdes, como o corte de relvados e a poda de árvores. Isto ajuda a manter os parques e as zonas verdes de forma eficiente.

- **Robôs educativos e interactivos**

Alguns robôs são utilizados em programas educativos, fornecendo informações sobre aspectos culturais, históricos ou ambientais da cidade. Estes robôs interactivos podem ser utilizados em museus, centros de informação turística, etc.

- **Sistemas de controlo de tráfego**

A automatização é utilizada na gestão do tráfego urbano, incluindo a otimização dos sinais de trânsito, o ajustamento dinâmico das rotas e a coordenação dos cruzamentos para minimizar o congestionamento do tráfego.

- **Administração digital e serviços em linha**

A automatização está integrada nos sistemas digitais da administração pública, facilitando os serviços em linha, como o pagamento de impostos, os pedidos de autorização e outras transacções da administração pública.

7.8 - Vantagens e limitações da Robótica Urbana

A robótica nas cidades inteligentes oferece muitos benefícios, mas também apresenta limitações e desafios. Vamos discutir as principais vantagens e limitações da utilização da robótica em contextos urbanos inteligentes:

7.8.1 Vantagens da robótica nas cidades inteligentes

- **Eficiência operacional:** Os robôs podem executar tarefas repetitivas e monótonas de forma mais rápida e eficiente do que os trabalhadores humanos, ajudando a otimizar as operações urbanas.

- **Redução dos custos operacionais:** A automatização e a utilização de robôs podem reduzir os custos de mão de obra a longo prazo, especialmente na manutenção e logística em áreas como a recolha de resíduos, a manutenção de infra-estruturas, etc.

- **Segurança melhorada:** Os robôs podem ser utilizados em tarefas perigosas ou de segurança crítica, ajudando a minimizar os riscos para os trabalhadores humanos.

- **Mobilidade e flexibilidade:** Alguns robôs são móveis e podem deslocar-se em ambientes urbanos variados, proporcionando flexibilidade na prestação de serviços e na recolha de dados.

- **Inovação e tecnologias emergentes:** A integração de robôs nas cidades inteligentes reflecte a inovação tecnológica, incentivando o desenvolvimento de soluções novas e inteligentes para os problemas urbanos.

- **Melhoria da qualidade de vida:** Alguns robôs são concebidos para fornecer serviços personalizados, ajudando a melhorar a experiência geral do cidadão em áreas como a saúde, a segurança e o lazer.

- **Otimização de recursos:** Os robôs podem contribuir para uma utilização mais eficiente dos recursos, seja na gestão de resíduos, no consumo de energia ou na gestão do tráfego.

- **Redução do impacto ambiental:** A automatização pode contribuir para uma utilização mais eficiente dos recursos, reduzindo assim a pegada ecológica e promovendo práticas mais sustentáveis.

7.8.2 Limitações e desafios da robótica nas cidades inteligentes

- **Custos iniciais significativos:** A implementação da robótica nas cidades inteligentes pode resultar em custos iniciais elevados relacionados com a aquisição, instalação e manutenção dos robôs.

- **Complexidade da integração em espaços urbanos complexos:** Os espaços urbanos apresentam desafios complexos, como o tráfego, os peões e as mudanças inesperadas. A integração de robots nos sistemas urbanos existentes pode ser complexa. A compatibilidade com as infra-estruturas existentes e a necessidade de uma coordenação eficaz podem constituir desafios.

- **Perda de postos de trabalho:** A automatização e a utilização de robôs podem levar à perda de postos de trabalho em alguns sectores, suscitando preocupações económicas e sociais.

- **Questões éticas e de privacidade:** A utilização de robôs levanta questões éticas, nomeadamente no que diz respeito à privacidade, à vigilância constante e à responsabilidade pelo comportamento defeituoso dos robôs.

- **Dependência tecnológica:** A dependência excessiva da tecnologia e da robótica pode deixar as cidades vulneráveis em caso de falhas do sistema, ciberataques ou outros acontecimentos imprevistos.

- **Reacções negativas dos cidadãos:** Alguns cidadãos podem ter reacções negativas à presença de robôs no seu ambiente, receando uma perturbação social ou cultural.

- **Limitações técnicas:** Os robôs actuais ainda têm limitações técnicas em termos de mobilidade, interação com o ambiente e capacidade de tomada de decisões autónomas.

- **Necessidade de manutenção e actualizações:** Os bots requerem manutenção regular e actualizações de software para permanecerem funcionais, o que pode ser dispendioso e exigir muitos recursos.

- **Desafio da aceitação social:** A resistência ou apreensão por parte dos cidadãos pode dificultar a aceitação e adoção de robôs no ambiente urbano.

Em conclusão, embora a robótica ofereça benefícios significativos para as cidades inteligentes, a sua integração deve ser cuidadosamente planeada e gerida para enfrentar os potenciais desafios. Uma abordagem equilibrada que considere as vantagens e limitações é essencial para maximizar os benefícios da robótica no contexto urbano inteligente.

7.9 -Sistema de Assistência Urbana Inteligente - exemplo

Um ***Sistema de Apoio Urbano Inteligente*** demonstra como a integração do conhecimento, da inteligência artificial e da robótica pode transformar uma cidade numa entidade conectada e inteligente, trazendo benefícios significativos, mas colocando desafios iniciais em termos de custos e complexidade técnica.

7.9.1 Parte operacional e componentes principais

- **Componentes principais:**

  ✓ **Recolha de dados:** São instalados sensores e câmaras urbanos em toda a cidade para recolher dados em tempo real sobre o tráfego, a qualidade do ar, os resíduos, etc.

  ✓ **Inteligência Artificial (IA):** Um sistema de IA analisa os dados recolhidos para detetar padrões, prever futuras necessidades urbanas e tomar decisões inteligentes para melhorar a qualidade de vida dos cidadãos.

  ✓ **Robótica urbana:** Os robôs autónomos são utilizados para tarefas específicas, como a manutenção de infra-estruturas, a monitorização da segurança e a entrega de mercadorias.

- **Funcionamento operacional:**

  ✓ **Recolha de dados em tempo real**: Os sensores e as câmaras recolhem dados em tempo real sobre vários aspectos da cidade, alimentando constantemente o sistema com informações actualizadas.

  ✓ **Processamento de IA:** A IA analisa os dados para identificar tendências, prever exigências futuras e recomendar acções para melhorar a eficiência e a sustentabilidade urbana.

  ✓ **Intervenção robótica:** Com base na análise da IA, os robôs autónomos são destacados para executar tarefas específicas, como a reparação de infra-estruturas, a recolha de resíduos ou a monitorização da segurança.

7.9.2 Vantagens e desvantagens

- **Benefícios:**

  ✓ **Melhoria da eficiência:** A automação robótica melhora a eficiência das tarefas, reduzindo o tempo necessário para a manutenção e os serviços urbanos.

  ✓ **Tomada de decisões informatizada:** A IA permite a tomada de decisões rápidas e informadas com base em dados em tempo real, melhorando a capacidade de resposta às necessidades dos cidadãos.

  ✓ **Redução dos custos a longo prazo:** Embora os custos iniciais de implementação sejam significativos, o aumento da eficiência e a redução dos custos operacionais a longo prazo podem recuperar essas despesas.

- **Desvantagens:**

  ✓ **Custos iniciais significativos:** A criação de infra-estruturas de recolha de dados, IA e sistemas de robótica envolve custos significativos.

  ✓ **Complexidade técnica:** A gestão de um sistema integrado de IA-robótica requer conhecimentos técnicos avançados, o que pode ser um desafio para alguns municípios.

7.9.3 Relação entre os custos de implementação e o tempo de retorno do investimento:

- **Custos de implementação:** Elevados devido à aquisição de sensores, à implementação da IA e da robótica e aos custos de formação do pessoal.

- **Tempo de retorno do investimento:** Os benefícios operacionais, a redução dos custos operacionais e a melhoria da qualidade de vida dos cidadãos contribuem para um retorno progressivo do investimento ao longo de vários anos, normalmente entre 5 e 10 anos.

7.10 - Conclusão e perspectivas

Neste capítulo dedicado à inteligência artificial (IA) e à robótica para cidades inteligentes e conectadas, explorámos os fundamentos desta revolução urbana em curso. O futuro das cidades inteligentes conectadas promete uma paisagem urbana radicalmente transformada pela IA e pela robótica.

A IA e a robótica estão preparadas para desempenhar um papel transformador no futuro dos ambientes urbanos. Ao tirar partido destas tecnologias, as cidades podem aumentar a eficiência operacional, melhorar os serviços públicos e criar espaços urbanos mais sustentáveis e habitáveis. À medida que a IA e a robótica continuam a evoluir, a sua integração nos sistemas urbanos tornar-se-á cada vez mais sofisticada, oferecendo novas possibilidades e desafios que irão moldar o futuro das cidades conectadas.

À medida que navegamos nesta era de mudança acelerada, é imperativo mantermo-nos atentos às implicações éticas, sociais e ambientais, de modo a construir cidades que beneficiem todos. Estamos numa encruzilhada, e as possibilidades oferecidas por esta convergência de tecnologias são tão vastas quanto a nossa imaginação colectiva.

7.10.1 Conclusão

Concluindo este capítulo sobre inteligência artificial (IA) e robótica para cidades inteligentes e conectadas, podemos dizer que estamos no início de uma era excitante e transformadora no desenvolvimento urbano. A aliança entre a IA e a robótica abre a porta a oportunidades sem precedentes para melhorar a vida quotidiana dos cidadãos, otimizar as operações urbanas e criar ambientes urbanos resilientes e sustentáveis.

Explorámos a forma como a automação, os robôs e os sistemas inteligentes podem contribuir para uma gestão mais eficiente dos recursos, uma melhor mobilidade urbana, uma maior segurança e serviços municipais mais personalizados. As vantagens são evidentes, desde a redução dos custos operacionais até à otimização da qualidade de vida dos cidadãos.

No entanto, esta revolução tecnológica não está isenta de desafios. Salientámos a necessidade de abordar questões éticas, garantir a segurança dos sistemas e ultrapassar as preocupações com a potencial perda de postos de trabalho. O sucesso desta transição para cidades inteligentes e conectadas dependerá da nossa capacidade de equilibrar a inovação tecnológica com uma gestão ponderada e uma compreensão profunda das implicações sociais.

Nos próximos capítulos, exploraremos estudos de casos reais, implementações bem sucedidas e lições aprendidas com as experiências de cidades de todo o mundo. Continuaremos a analisar a forma como a IA e a robótica podem ser catalisadores para a criação de cidades mais sustentáveis, inclusivas e resilientes.

Em conclusão, estamos a assistir a uma transformação radical dos espaços urbanos, impulsionada pela sinergia entre a inteligência artificial e a robótica. Esta viagem em direção às cidades inteligentes conectadas promete redefinir a nossa compreensão da vida urbana, com o potencial de criar cidades verdadeiramente adequadas ao mundo moderno. Fique connosco para explorar estes excitantes desenvolvimentos em mais pormenor e descobrir como o futuro das cidades inteligentes continua a desenrolar-se diante dos nossos olhos.

7.10.2 Perspectivas

Ao concluirmos este debate, é imperativo que olhemos para o futuro e consideremos as perspectivas excitantes que se avizinham à medida que as inovações continuam a surgir, moldando o planeamento urbano do futuro.

- **Evolução da IA e da robótica:** Os avanços contínuos da IA e da robótica prometem sistemas ainda mais inteligentes, adaptáveis e capazes de interagir de forma mais intuitiva com o seu ambiente. O futuro assistirá a uma integração mais profunda da robótica em vários aspectos da vida urbana. Os algoritmos de aprendizagem automática evoluirão para compreender e responder com maior exatidão às necessidades complexas dos cidadãos.

- **Integração holística nas infra-estruturas urbanas:** É de esperar uma integração mais holística da IA e da robótica nas infra-estruturas urbanas. Os sistemas interligados permitirão uma gestão ainda mais coordenada dos transportes, da energia, da segurança e dos serviços municipais.

- **Desenvolvimento de robôs especializados:** Os robôs especificamente concebidos para tarefas especializadas, quer se trate de vigilância, manutenção de infra-estruturas críticas ou serviços de emergência, tornar-se-ão mais sofisticados. Estas máquinas especializadas desempenharão um papel crucial na resolução de problemas urbanos específicos.

- **Melhoria da experiência do cidadão:** As perspectivas futuras incluem a melhoria contínua da experiência do cidadão. Tecnologias como o reconhecimento facial, a análise de dados em tempo real e a personalização de serviços ajudarão a tornar a vida urbana mais intuitiva, segura e agradável.

- **Desenvolvimento de cidades-modelo inteligentes:** Alguns centros urbanos tornar-se-ão "cidades-modelo inteligentes", servindo de laboratórios para testar novas tecnologias. Estas zonas dedicadas à inovação proporcionarão um terreno fértil para o desenvolvimento e aperfeiçoamento de soluções inteligentes antes da sua implementação em maior escala.
- **Colaboração entre os sectores público e privado:** Podemos prever uma colaboração crescente entre os sectores público e privado no desenvolvimento e gestão de soluções inteligentes. As parcerias entre governos, empresas tecnológicas e empresas em fase de arranque serão fundamentais para a criação de ecossistemas urbanos inovadores.

- **Reforçar a cibersegurança:** Com o aumento da conetividade, a cibersegurança tornar-se-á uma preocupação importante. As aplicações futuras implicam avanços significativos nas tecnologias de segurança para proteger os sistemas urbanos de potenciais ciberameaças.

- **Transição para a mobilidade autónoma generalizada:** O transporte autónomo tornar-se-á mais generalizado, marcando a transição para uma mobilidade urbana mais segura, eficiente e sustentável. As frotas de veículos autónomos que trabalham com infra-estruturas inteligentes ajudarão a minimizar o congestionamento e a melhorar o fluxo de tráfego.

- **Sensibilização e educação contínuas:** Os programas de sensibilização e educação contínuos serão essenciais para ajudar os cidadãos a compreender e a adaptar-se às mudanças provocadas pela IA e pela robótica. A inclusão dos cidadãos nos processos de tomada de decisão promoverá a aceitação social.

- **Ética e responsabilidade:** As perspectivas incluem uma maior atenção à ética e à responsabilidade no desenvolvimento e utilização da IA e da robótica. Serão necessários quadros éticos sólidos para orientar as decisões num ambiente urbano em constante mudança.

7.11 - Referências

Estas referências fornecem uma base sólida para explorar aplicações concretas de IA e robótica em áreas urbanas, o seu papel na transformação urbana, ferramentas e aplicações de IA em cidades conectadas, bem como as perspectivas, vantagens e limitações da utilização destas tecnologias em ambientes urbanos.

1. **Batty, M. (2018):** "Artificial Intelligence and the City.", **Environment and Planning B: Urban Analytics and City Science,** 45(3), 351-358.
2. **Townsend, A. M. (2013):** "Smart Cities: Big Data, Civic Hackers, and the Quest for a New Utopia.", **W.W. Norton & Company.**
3. **Glaeser, E. L., Hillis, A. (2016):** "Cidades inteligentes: Quality of life, productivity, and the growth effects of human capital.", **In Proceedings of the Regional Studies Association Annual Conference.**
4. **Goodchild, M. F. (2013):** "The quality of big (geo)data.", **Diálogos em Geografia Humana,** 3(3), 280-284.
5. **Kitchin, R. (2014):** "A cidade em tempo real? Big data and smart urbanism.", **GeoJournal,** 79(1), 1-14.
6. **Lee, J., Lee, H. (2014): "Desenvolvimento e validação de uma tipologia centrada no cidadão para serviços de cidades inteligentes". Government Information Quarterly, 31(S1), S93-S105.**
7. **Bibri, S. E. (2018):** "A IoT para cidades inteligentes e sustentáveis do futuro: An analytical framework for sensor-based big data applications for environmental sustainability.", **Sustainable Cities and Society,** 38, 230-253.
8. **Chen, L., S. R. Kannan, R. J. Clarke, K. B. Letaief, Z. Shen, et J. G. Andrews. (2020): "Massive Access for 5G and Beyond.", IEEE Journal on Selected Areas in Communications,** 39(3), 615-637.

9. **Chourabi, H., Nam, T., Walker, S., Gil-Garcia, J. R., Mellouli, S., Nahon, K., Scholl, H. J. (2012):** "Understanding smart cities: An integrative framework.", **In 45th Hawaii International Conference on System Sciences,** (pp. 2289-2297). IEEE.

10. **Ma, Y., Lan, J., Li, C., Sun, Y. (2017):** "Conceção e implementação de um sistema de navegação interior em tempo real utilizando a realidade aumentada.", **Procedia Computer Science,** 111, 109-114.

11. **Ferrer, X., Perez, X. (2018):** "Como os robôs contribuem para as cidades inteligentes". **Conferência Internacional do IEEE sobre Robótica e Automação.**

12. **Kitchin, R., McArdle, G. (2016):** "Urban data and city dashboards: Six key issues.", **International Journal of Urban and Regional Research,** 40(3), 558-566.

13. **Bibri, S. E., Krogstie, J. (2017):** "Cidades inteligentes e sustentáveis do futuro: An extensive interdisciplinary literature review.", **Sustainable Cities and Society,** 31, 183-212.

14. **Sukumar, S. R., Ferrell, R. K. (2013):** "Big data and semantic technologies: data-analytics for intelligent applications.", **International Journal of Advanced Computer Science and Applications,** 4(12), 68-73.

15. **Thakuriah, P., Tilahun, N., Zellner, M. (2017):** "Seeing Cities Through Big Data: Research, Methods and Applications in Urban Informatics", **Springer.**

Capítulo 8

Gestão de dados para cidades inteligentes

As bases de dados relacionais (BDR) desempenham um papel essencial na gestão, organização e exploração de dados urbanos para as cidades inteligentes. São cruciais para armazenar, gerir e recuperar dados de vários sectores urbanos.

São sistemas de gestão de dados estruturados que utilizam tabelas para organizar a informação (Figura 8.1). O seu papel no armazenamento e gestão de dados urbanos permite:

- Armazenamento organizado de dados urbanos, tais como informações de tráfego, serviços municipais, consumo de energia, etc.
- Facilita o acesso rápido aos dados, contribuindo para a tomada de decisões em tempo real.

Figura 8.1: Bases de dados relacionais.

Este capítulo explora o papel central da gestão de dados no desenvolvimento e funcionamento das cidades inteligentes, com especial incidência na utilização de bases de dados relacionais (BDR), na estruturação de dados e em estudos de caso que demonstram a sua aplicação na gestão e planeamento de serviços urbanos.

8.1 Revisão da bibliografia

As bases de dados relacionais (BDR) desempenham um papel essencial na gestão, organização e exploração de dados urbanos para Smart Cities, sendo fundamentais para armazenar e gerir informação de diferentes sectores urbanos. A seguir, faremos um resumo da bibliografia utilizada.

8.1.1 As bases de dados relacionais (BDR) para as cidades inteligentes

As bases de dados relacionais desempenham um papel crucial na gestão de dados nas cidades inteligentes, proporcionando uma forma estruturada e eficiente de armazenar, recuperar e manipular grandes volumes de informação. Elmagarmid e McIver (2001) sublinham que as bases de dados relacionais são fundamentais para a arquitetura das cidades inteligentes, facilitando a integração e a análise de dados provenientes de diversas fontes. Estas bases de dados suportam as consultas e transacções complexas necessárias para a gestão urbana em tempo real, permitindo que as cidades respondam rapidamente aos desafios e oportunidades emergentes.

8.1.2 Estruturação de dados

A estruturação eficaz dos dados é essencial para aproveitar todo o potencial dos dados recolhidos nas cidades inteligentes. Kitchin (2014) discute a importância de organizar os dados de uma forma que permita fácil acesso, análise e aplicação. Isso envolve não apenas o uso de bancos de dados relacionais, mas também a implementação de formatos e protocolos de dados padronizados. Os dados estruturados são mais acessíveis para algoritmos de aprendizagem automática e aplicações de IA, que são cada vez mais utilizados para otimizar os sistemas urbanos.

Batty (2013) observa que as iniciativas de grandes volumes de dados e de cidades inteligentes exigem técnicas sofisticadas de estruturação de dados para gerir as grandes quantidades de informação geradas diariamente. Isto inclui a utilização de metadados para fornecer contexto e melhorar a precisão da análise de dados. A estruturação dos dados também facilita a interoperabilidade entre diferentes sistemas urbanos, melhorando a eficiência e a eficácia globais das operações das cidades inteligentes.

8.1.3 A utilização de bases de dados relacionais na gestão e planeamento de serviços urbanos

Vários estudos de caso ilustram a aplicação prática de bases de dados relacionais na gestão e planeamento de serviços urbanos. Por exemplo, o trabalho de Hashem et al. (2015) destaca a integração de grandes volumes de dados com a computação em nuvem para gerir os serviços urbanos de forma mais eficaz. Na sua análise, identificam várias questões de investigação em aberto e sugerem que as bases de dados relacionais são essenciais para lidar com as complexidades dos dados urbanos, garantindo a escalabilidade e o desempenho.

Num outro estudo de caso, Silva, Khan e Han (2018) exploram a arquitetura das cidades inteligentes e identificam as bases de dados relacionais como um componente fundamental para alcançar a sustentabilidade. O seu estudo mostra como estas bases de dados são utilizadas para gerir recursos, como a energia e a água, de forma mais eficiente, fornecendo dados em tempo real e análises preditivas.

Al Nuaimi et al. (2015) dá um exemplo de como as aplicações de megadados em cidades inteligentes utilizam bases de dados relacionais para melhorar vários serviços urbanos, incluindo transportes, cuidados de saúde e segurança. A sua investigação sublinha a importância das estratégias de gestão de dados que incorporam bases de dados relacionais para apoiar as necessidades de dados em grande escala das cidades modernas.

8.1.4 Integração e escalabilidade da Inteligência Artificial

A integração da IA com bases de dados relacionais é uma via promissora para o futuro desenvolvimento de cidades inteligentes. Cuzzocrea, Song e Davis (2011) analisam a forma como a IA e a análise de dados multidimensionais em grande escala podem revolucionar o planeamento e a gestão urbanos. A escalabilidade das bases de dados relacionais garante que podem acomodar as crescentes exigências de dados à medida que as cidades se expandem e a tecnologia avança.

Nam e Pardo (2011) conceptualizam as cidades inteligentes centrando-se na interação entre tecnologia, pessoas e instituições. Defendem que a utilização eficaz de bases de dados relacionais, combinada com ferramentas de IA, pode melhorar significativamente a governação urbana e o envolvimento dos cidadãos. A escalabilidade destas bases de dados garante que, à medida que as cidades crescem e geram mais dados, os seus sistemas podem adaptar-se e continuar a prestar serviços fiáveis e eficientes.

8.2 Análise de dados estatísticos

A Ciência e Análise de Dados são áreas correlacionadas com o ciclo de vida de projectos muito semelhantes e bem estruturados, assentes sobretudo no tratamento e interpretação de dados através de técnicas e modelos estatísticos. A interpretação e compreensão de diferentes conjuntos de dados permite extrair informações e conclusões fundamentais para a compreensão dos sistemas em estudo e a eventual proposta de soluções de carácter descritivo ou preditivo.

Por outro lado, a Inteligência Artificial (IA) é uma área muito abrangente que complementa e permite modelos mais complexos e robustos em Data Science e Data Analysis, recorrendo a machine learning. Para além da modelação, através da IA podemos encontrar algoritmos de otimização, que são importantes para a resolução de problemas e melhoria de sistemas complexos. A IA é uma área fundamental que permite autonomia e robustez, mostrando a grande capacidade do Big Data em desenvolver modelos inteligentes.

8.2.1 Simulação e modelos associados

Para modelar sistemas dinâmicos, podemos classificar:

- **Modelos:** são aqueles que têm uma estrutura matemática específica e podem ser resolvidos de forma analítica ou matemática (por exemplo, equações diferenciais e lineares) utilizando técnicas conhecidas.

- **Modelos de Simulação:** representação computacional de um sistema complexo (baseado num modelo matemático); onde a sua utilização permite a experimentação de um problema, conseguindo assim descrever e avaliar, sob determinadas hipóteses, o seu comportamento durante um determinado tempo. Este modelo é mais flexível do que um modelo analítico, mas não pode ser resolvido utilizando técnicas matemáticas clássicas, e através delas não poderemos obter soluções gerais, como é o caso dos modelos matemáticos.

A classificação baseada no método ou forma de solução, é a mais utilizada em aplicações práticas, pois trata-se de uma abordagem orientada para a solução de um modelo analítico ou através de uma simulação de diferentes modelos dependentes do tempo (modelo dinâmico) e independentes do tempo (modelo estático). A Figura 8.2 resume a utilização destes métodos.

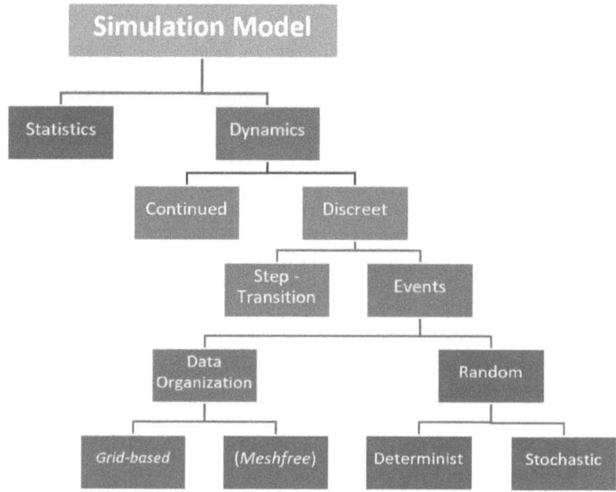

Figura 8.2: Simulação e modelos associados.

8.2.2 Classificação dos modelos utilizados em Investigação Operacional (PO)

Entre os modelos mais comuns para a resolução de problemas de RUP encontram-se modelos baseados na utilização de programação linear, programação dinâmica, sequenciamento, teoria das filas, modelos de cadeias de Markov, simulação contínua, simulação de eventos discretos, modelos de análise de decisão, modelos de inventário, entre outros (Figura 8.3).

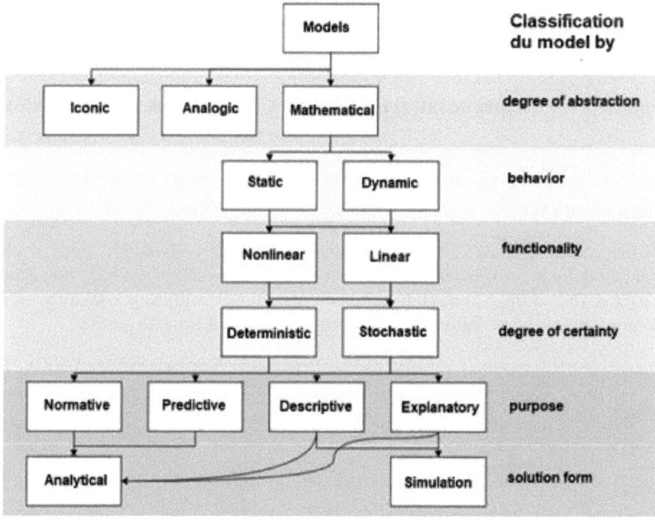

Figura 8.3: Modelos de resolução de problemas de Investigação Operacional.

8.2.3 Transformação de dados

Uma transformação de dados é necessária quando diferentes atributos possuem ordens de grandeza muito diferentes, levando assim à ocorrência de um possível erro na análise. Dentre as transformações mais utilizadas podemos destacar a normalização de dados, a transformação inversa, a transformação de raiz, a transformação logarítmica, a transformação de Fisher, entre outras.

Recomenda-se o uso da padronização dos dados, que tem como objetivo transformar os dados em uma mesma ordem de grandeza. Essa padronização tem como objetivo deixar as variáveis com média 0 e desvio padrão 1:

$$z = \frac{x_k - \mu}{\sigma} \tag{8.1}$$

em que $\boldsymbol{z}$ é o valor padronizado, $\boldsymbol{x_k}$é o valor a ser padronizado, $\boldsymbol{\mu}$ a média e $\boldsymbol{\sigma}$ o desvio-padrão dos dados para a variável em estudo.

8.2.4 Integração de dados

As bases de dados podem fornecer várias informações consideradas relevantes e, por esta razão, é muito importante integrar várias bases de dados de diferentes fontes. O **Error! Reference source not found.**exemplifica a integração de diferentes bases de dados, onde cada base de dados apresenta um atributo, que é integrado utilizando a data.

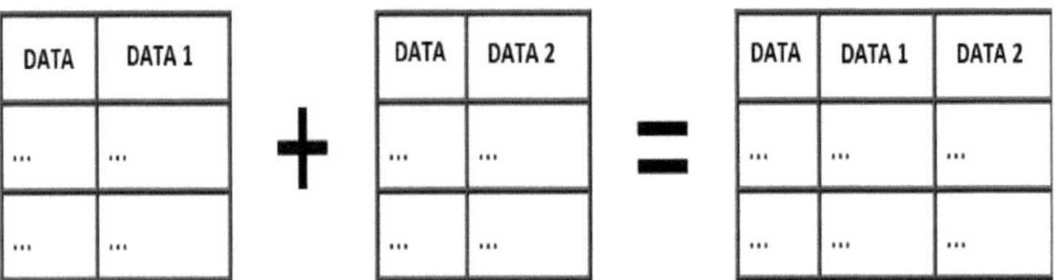

Figura 8.4: Exemplo de integração de bases de dados baseadas em dados.

8.2.5 Análise de dados

Uma fase de análise de dados compreende diferentes actividades, onde o objetivo é escolher um modelo que resolva o problema e o tipo de dados utilizados para este estudo. Para o efeito, para definir o tipo de modelo utilizado, devem ser utilizados conceitos estatísticos, através da aproximação dos dados, da sua exploração e representação gráfica.

8.3 Métodos de análise estatística e de séries temporais

Um conjunto de dados pode conter muitas variáveis e observações, sendo importante a utilização de funções estatísticas que possam expressar esses dados de forma significativa. Entre as funções estatísticas mais relevantes para a análise de dados, podemos destacar as medidas de tendência central, as medidas de dispersão e outras caraterísticas no estudo de séries temporais, descritas de seguida.

8.3.1 Métodos de análise estatística - Medidas de tendência central

Entre as medidas de tendência central mais importantes estão a média, a mediana, os quartis e a moda. É importante destacar que se a distribuição de dados em estudo for uma distribuição normal, a média e a mediana apresentarão os mesmos valores, e em qualquer outro tipo de distribuição de dados esses valores serão diferentes.

- **Média:** é um valor que representa o centro da série de dados em estudo:

$$\mu = \frac{1}{n}\sum_{i=1}^{n} x_i$$

(8.2)

em que $\boldsymbol{\mu}$ é a média, $\boldsymbol{x}_i$é cada ponto de dados da série de dados e $\boldsymbol{n}$ é o número de elementos da série

- **Mediana:** é o valor médio localizado na lista ordenada de valores da série em estudo. Se a lista for ímpar, este valor estará no meio da lista, e se for par, este valor será representado pela média dos dois valores localizados no meio da lista.

- **Quartil**: generalização da ideia de mediana, em que enquanto a mediana divide uma lista de valores ordenados em duas partes iguais, o quartil divide os dados de uma lista em quatro partes iguais.

- **Percentil:** generalização da ideia de quartil, que divide os dados em cem partes iguais. É possível afirmar que o quartil inferior (**1st quartil ou $Q_{1/4}$**) equivalente ao **percentil 25th** , bem como o **quartil 2nd (ou $Q_{2/4}$**)equivalente à mediana e ao percentil **50th** , e o **3rd quartil (quartil superior ou $Q_{3/4}$**) equivalente ao percentil 75th).

- **Moda:** é o valor que mais se repete numa lista de dados. Para a determinar, devemos contar cada item de uma lista e encontrar a frequência com que cada um deles ocorre, selecionando o mais frequente.

- **Medidas de dispersão**
  - **Variância:** medida de dispersão representada pelo quadrado da média das distâncias entre os valores dos dados e a média (não na mesma unidade que a média dos dados):

$$\sigma^2 = \frac{1}{n}\sum_{i=1}^{n}(x_i - \mu)^2$$

(8.3)

em que $\boldsymbol{\mu}$ é a média, $\boldsymbol{x}_i$ é cada dado da série de dados, $\boldsymbol{n}$ é o número de elementos da série e $\boldsymbol{\sigma}^2$ a variância.

- **Desvio-padrão:** é a raiz quadrada da variância. É uma medida de dispersão (mesma unidade de medida que os dados) e pode, portanto, ser interpretado como "a distância média" entre os valores dos dados e a média:

$$\sigma = \sqrt{\frac{1}{n}\sum_{i=1}^{n}(x_i - \mu)^2}$$

(8.4)

em que $\boldsymbol{\mu}$ é a média, $\boldsymbol{x_i}$ é cada ponto de dados da série de dados, $\boldsymbol{n}$ é o número de elementos da série e $\boldsymbol{\sigma}$ o desvio padrão.

8.3.2 Medidas para análise de séries temporais

As séries temporais podem ser analisadas utilizando ferramentas estatísticas para decompor uma série temporal, permitindo assim a obtenção de diferentes parâmetros, como o ciclo de tendência através da simplificação, a componente sazonal e o ruído (ou erro), e factores dependentes do tempo.

A partir destes resultados é possível analisar o comportamento e as possíveis componentes da série temporal em estudo, sendo esta informação importante para o desenvolvimento e escolha de parâmetros em modelos de previsão.

Uma biblioteca Python para a decomposição de séries temporais é a ***statsmodels***, que contém várias ferramentas estatísticas. A decomposição das séries cronológicas pode ser efectuada através de duas estruturas diferentes, em função da natureza da variável em estudo:

- **Decomposição aditiva:** mais adequada para ser utilizada quando a tendência e a sazonalidade são aproximadamente constantes, ocorrendo poucas variações.

$$y_t = S_t + T_t + R_t$$

(8.5)

- **Decomposição multiplicativa:** mais adequada para ser utilizada nos casos em que a tendência e a sazonalidade apresentam variações não lineares.

$$y_t = S_t \times T_t \times R_t$$

(8.6)

onde:

$\boldsymbol{y_t}$: Dados de séries cronológicas,

$\boldsymbol{S_t}$: Componente sazonal,

$\boldsymbol{T_t}$: Tendência e

$\boldsymbol{R_t}$: Ruído.

8.4 Representação gráfica dos dados

Uma representação gráfica dos dados permite examinar os dados, possibilitando encontrar valores improváveis ou erróneos, ajudando assim a detetar possíveis erros nas bases de dados. É também importante para se ter uma ideia de padrões, estruturas, tendências e relações entre diferentes atributos, representando um importante auxiliar complementar para a análise estatística. Entre as várias representações gráficas para análise de dados, podemos destacar os gráficos de barras, histogramas, gráficos de pizza, gráficos de dispersão, gráficos de linha e diagramas de caixa, que serão descritos a seguir.

8.4.1 Gráficos de barras

Um **gráfico de barras** é uma ferramenta simples para visualizar as frequências relativas ou absolutas dos valores observados para uma determinada variável. A utilização deste tipo de representação é muito abrangente e permite a representação de variáveis nominais e ordinárias.

Normalmente, na sua representação, a altura de cada barra (*eixo y*) é determinada pela frequência absoluta ou relativa da respectiva categoria que está representada no ***eixo x*** (Figura 8.5).

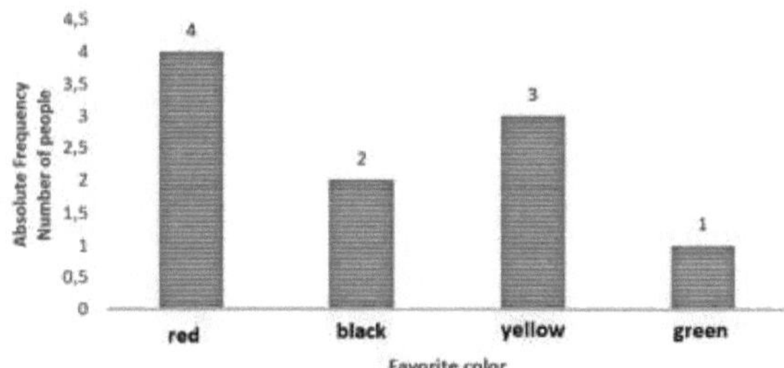

Figura 8.5: Exemplo de gráfico de barras.

8.4.2 Histograma

Um **Histograma** é uma representação da distribuição de valores num conjunto de dados (Figura 8.6), onde os dados são apresentados em diferentes grupos, mostrando cada categoria sob a forma de barras (***eixo x***), e o valor da frequência absoluta na vertical (***eixo y***).

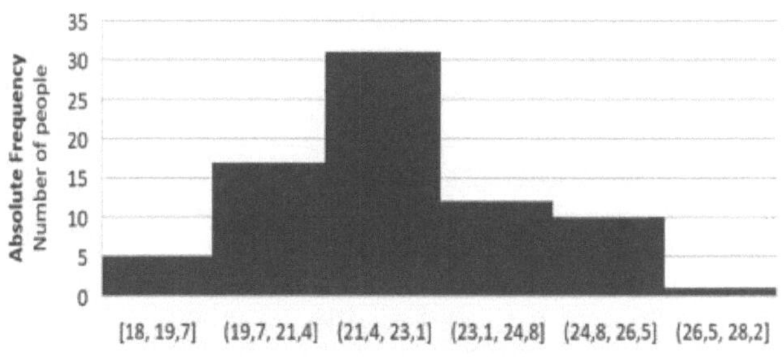

Figura 8.6: Exemplo de histograma.

8.4.3 Gráficos de pizza

O **gráfico de setores** é um círculo dividido em segmentos (Figura 8.7), onde cada segmento representa uma freqüência relativa a uma categoria, permitindo assim a visualização de freqüências absolutas ou relativas de variáveis nominais e ordinárias.

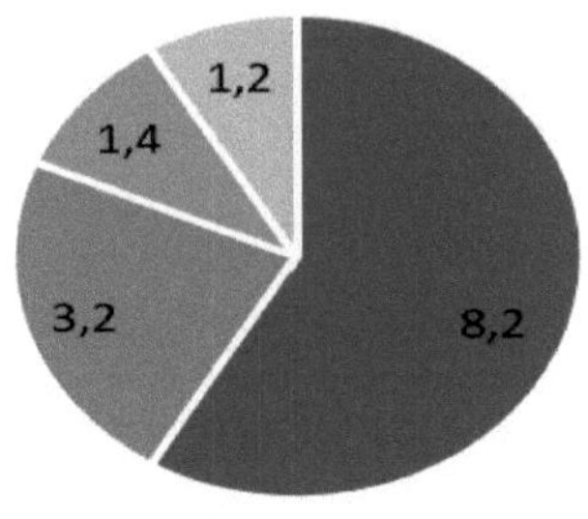

Figura 8.7: Exemplo de um gráfico setorial.

8.4.4 Gráfico de dispersão

Um **gráfico de dispersão** permite visualizar graficamente a relação entre duas variáveis contínuas (Figura 8.8), obtida através da representação de observações emparelhadas de duas variáveis num sistema de coordenadas bidimensional.

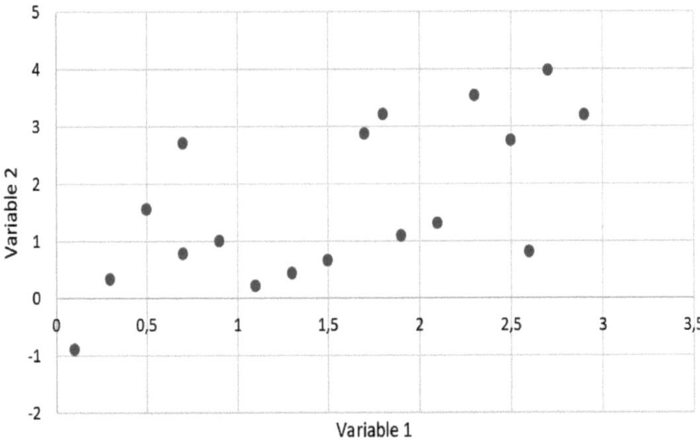

Figura 8.8: Exemplo de gráfico de dispersão.

8.4.5 Gráficos de linhas

Os gráficos de linhas são utilizados para representar uma tendência, permitindo distinguir o comportamento de uma variável (considerada dependente) em função de outra variável (independente). A Figura 8.9 mostra a representação do peso médio de uma pessoa em função da sua idade.

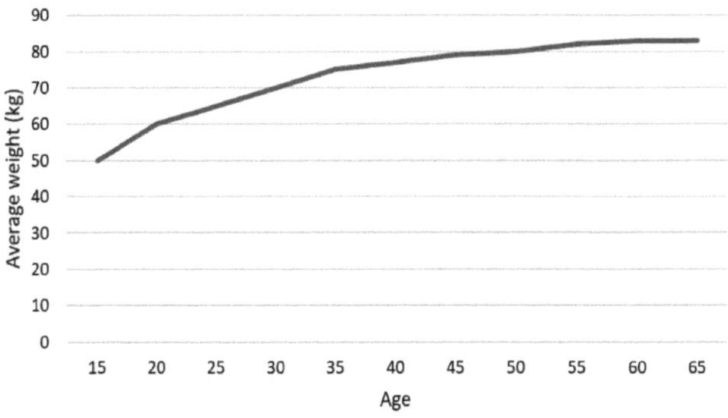

Figura 8.9: Exemplo de um gráfico de linhas.

8.4.6 Diagrama de caixa

O **diagrama de caixa** é uma representação gráfica que resume várias medidas de tendência central e de dispersão (Figura 8.10), permitindo assim observar a distribuição de uma variável através da sua mediana, quartis, mínimos, máximos e outliers.

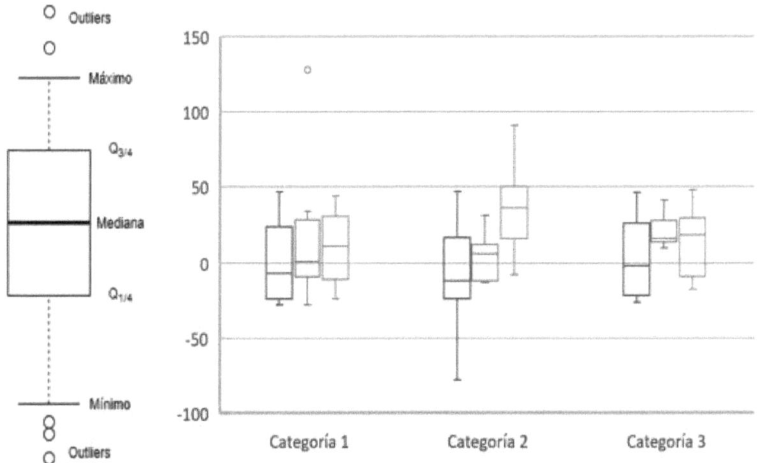

Figura 8.10: Componentes e exemplo do Box Plot.

8.4.7 Função de distribuição cumulativa empírica

A **Função de Distribuição Cumulativa Empírica (FDCE)** é uma abordagem utilizada para visualizar simultaneamente a frequência das variáveis e o seu histograma, centrada na representação empírica da frequência relativa da distribuição das variáveis (Figura 8.11).

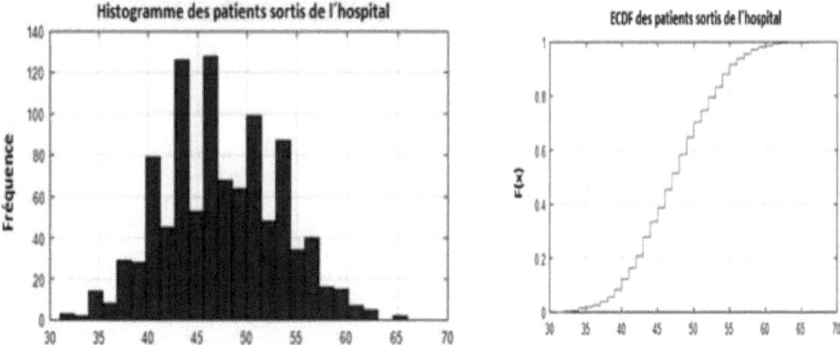

Figura 8.11: Exemplo do ECDF e comparação com o histograma.

8.5 Tipos de modelos de dados

Para a modelação de dados utilizam-se geralmente modelos preditivos e modelos descritivos. Os modelos preditivos visam prever o comportamento do sistema a partir do qual os dados foram recolhidos, independentemente da capacidade de interpretação do modelo, enquanto os modelos descritivos permitem dar uma interpretação aos fenómenos apresentados através de um conjunto de dados, permitindo assim detetar as variáveis que podem influenciar a dinâmica do sistema a partir do qual os dados foram recolhidos.

Os tipos de modelos devem ser selecionados em função dos seus objectivos (Cáceres, 2020) e podem ser definidos como modelos de:

- **Classificação:** modelos com resultado do tipo de categoria.
- **Regressão:** modelos com resultados de tipo numérico.
- **Agrupamento:** modelos com resultados descritivos.

Para estes diferentes modelos, podemos encontrar técnicas de modelação clássicas baseadas na aprendizagem baseada na utilização da estatística, como a regressão linear, a regressão logística, etc. Também é possível encontrar modelos baseados na IA e, em particular, na aprendizagem automática, como as Redes Neuronais Convolucionais (CNN), as Redes Neuronais Profundas (DNN), etc.

Neste capítulo, serão exploradas em profundidade as técnicas relacionadas com a modelação de séries temporais, utilizadas nos estudos de caso propostos neste trabalho. No próximo capítulo, serão aprofundadas algumas técnicas baseadas no uso de Redes Neurais para regressão e predição. Técnicas clássicas de regressão, baseadas em aprendizado estatístico, não serão utilizadas neste trabalho, e muitas referências nesta área podem ser encontradas na literatura (James et al., 2013; Runkler, 2016) .

Para a previsão das séries temporais abordadas neste trabalho, serão utilizados os seguintes modelos de previsão: ingénuo, métodos de alisamento exponencial e o modelo Auto Regressivo Integrado de Médias Móveis (ARIMA), descrito de seguida.

8.5.1 Previsão ingénua

O modelo de previsão ingénuo é um método simples de previsão de séries cronológicas baseado em dados históricos:

$$y_{t+h} = y_t \tag{8.7}$$

em que y_t são os dados históricos e irá prever o valor de $\boldsymbol{y_{t+h}}$e $h$indica o horizonte de previsão selecionado para o modelo, sendo este valor geralmente 1, uma vez que a previsão desejada é um passo no futuro. Do mesmo modo, nalguns modelos sazonais, pode ser utilizado $\boldsymbol{h = k + 1}$, em que ké o valor da sazonalidade da série temporal.

Este modelo aproximado é matematicamente muito simples de ser desenvolvido, permitindo a sua validação com bom desempenho em alguns casos, como na previsão de modelos económicos e financeiros (Hyndman et al., 2019) .

8.5.2 Previsão baseada em Métodos de suavização exponencial

Este modelo de previsão, disponível na ***biblioteca Python statsmodels*** , baseia-se em médias ponderadas de dados históricos, com um decaimento exponencial dos pesos, e é amplamente utilizado numa vasta gama de modelos de aplicações industriais (Hyndman et al., 2019). Os modelos mais utilizados são descritos de seguida:

8.5.2.1 Método de alisamento exponencial simples

Neste método, os valores históricos são multiplicados por uma constante que diminui exponencialmente:

$$y_{t+1} = \alpha\, y_t + (1-\alpha)\, y_{t-1} + \ (1-\alpha)^2 y_{t-2} + \cdots + (1-\alpha)^n y_{t-n} \tag{8.8}$$

em que, $\boldsymbol{y}$ é a variável de interesse para diferentes momentos do tempo. O valor $\boldsymbol{\alpha}$ é a constante de regularização, que corresponde a um valor $\boldsymbol{0 \leq \alpha \leq 1}$fazendo com que a suavização diminua exponencialmente à taxa de $\boldsymbol{n}$.

8.5.2.2 Método de alisamento exponencial duplo

$$\begin{aligned} l_t &= \alpha\, y_t + (1-\alpha)\,(l_{t-1} + b_{t-1}) \\ b_t &= \beta(l_t - l_{t-1}) + (1-\beta)\, b_{t-1} \\ y_{t+h} &= l_t + h\, b_t \end{aligned} \tag{8.9}$$

em que $\boldsymbol{l_t}$ corresponde a uma estimativa do nível da série atualmente $\boldsymbol{t}$, $\boldsymbol{b_t}$ indica o nível da tendência ou do enviesamento da série cronológica no tempo $\boldsymbol{t}$. Os parâmetros das equações $\boldsymbol{\alpha}$, a constante de alisamento; e $\boldsymbol{\beta}$a constante de alisamento da tendência, em que $\boldsymbol{0 \leq \alpha \leq 1}$ e $\boldsymbol{0 \leq \beta \leq 1}$.

8.5.3 Previsão baseada no modelo ARIMA (Autoregressive Integrated Moving Average Model)

O modelo de previsão ARIMA e o alisamento exponencial são métodos amplamente utilizados para a previsão de séries temporais. Ao contrário dos métodos de alisamento exponencial, o método ARIMA oferece uma abordagem que visa descrever os valores de autocorrelação da série temporal em estudo, conseguindo assim efetuar uma previsão com base nessa informação.

A notação deste modelo segue a forma ARIMA ***(p, d, q)***, em que ***p*** é a ordem do processo autoregressivo (AR), ***d*** corresponde ao grau de diferenciação envolvido e ***q*** indica a ordem do processo de média móvel (MA).

O modelo ARIMA sazonal segue a metodologia Box-Jenkins (Box et al., 2015) , e permite a modelação de uma série temporal sazonal e a sua notação usual é ARIMA ***(p, d, q)(P, D, Q)***, em que ***P, D*** e ***Q*** têm o mesmo significado que ***p, d*** e ***q*** , mas para a parte sazonal do modelo, es é o número de períodos num ciclo sazonal. Para conseguir a implementação indicada do modelo ARIMA, é essencial que a série temporal em estudo apresente a condição de ser estacionária.

Uma série temporal estacionária tem propriedades como uma média constante, variância e autocorrelação ao longo do tempo. Caso uma série não seja estacionária, é necessário utilizar alguns métodos que permitam que ela se torne estacionária. Entre os principais métodos mais utilizados para uma série temporal estacionária, temos os métodos de diferenciação, o método de eliminação de tendências e a aplicação da função logarítmica ou da raiz quadrada para estabilizar a variância.

O método mais utilizado é o método da diferenciação, que $\boldsymbol{y'_i}$ é o resultado da primeira diferença da série, e $\boldsymbol{y_i}$ a série temporal não estacionária.

$$y'_i = y_i - y_{i-1} \tag{8.10}$$

O método de diferenciação pode ser aplicado várias vezes e de diferentes formas, consoante a natureza da série cronológica não estacionária. As séries sazonais estacionárias utilizam o valor da constante de sazonalidade (***k***) como termo de diferenciação:

$$y'_i = y_i - y_{i-k} \tag{8.11}$$

Teste de estacionariedade ou de raiz unitária, como o teste de Dicker-Fuller, o teste de Dickey-Fuller Aumentado, o teste de Phillips-Perron, entre outros. O teste indicará se a série temporal obtida após hipoteticamente atingir a estacionariedade, e caso não seja atingida, é importante aplicar novamente as técnicas para atingir essa propriedade. Em seguida, as constantes p e q devem ser aproximadas através dos gráficos da função de autocorrelação (ACF) e autocorrelação parcial (PACF).

A ACF é a correlação cruzada de uma série temporal com ela própria, sendo importante para identificar padrões repetitivos no sinal, enquanto a PACF é a aplicação da ACF a uma série temporal estacionária com os seus próprios valores desfasados. Seguindo as recomendações de Box et al. (2015) é possível indicar um modelo de acordo com os tipos de gráficos obtidos a partir da ACF e PACF.

Atualmente, devido à elevada capacidade computacional disponível, é possível utilizar métodos para obter as constantes ***p, d*** e q através de uma pesquisa em grelha, que consiste na otimização de hiper-parâmetros, tais como ***p*, *d*** e ***q***. A pesquisa em grelha efectua uma pesquisa exaustiva da melhor combinação de hiper-parâmetros, sendo indicado um intervalo de pesquisa para cada hiper-parâmetro.

No caso da pesquisa em grelha do modelo ARIMA, é utilizada a função auto-ARIMA do pacote Python ***pmdarima***. (Smith, 2017) . O critério de escolha utilizado para o modelo ARIMA é baseado no critério de informação de Akaike (AIC), que indica a qualidade dos modelos estatísticos para um determinado conjunto de dados (Taddy, 2019) .

8.5.4 Pós-processamento

A fase de pós-processamento permite avaliar os modelos obtidos através de métricas, comparando os resultados obtidos através de diferentes métodos. Nenhum método pode abranger a utilização de todos os conjuntos de dados, pelo que um método específico pode funcionar melhor do que outro para o mesmo conjunto de dados.

Existem diferentes métricas para analisar e avaliar modelos, permitindo assim uma comparação quantitativa do desempenho de cada modelo. De seguida serão abordadas algumas métricas tipicamente utilizadas para analisar modelos de previsão e, em alguns casos, modelos de regressão, sendo que estas métricas são baseadas no erro. As métricas mais utilizadas para este efeito são o Erro Quadrático Médio (EQM), a Raiz do EQM (RMSE), o Erro Absoluto Médio (EAM) e o Coeficiente de Determinação ou $\boldsymbol{R^2}$.

8.5.4.1 Erro médio quadrático (MSE)

O erro quadrático médio (MSE) é uma métrica que mostra a diferença média entre o valor esperado e o valor quadrático:

$$MSE(y,\hat{y}) = \frac{1}{s}\sum_{i=0}^{s-1}(y_i - \hat{y}_i)^2 \tag{8.12}$$

em que $\boldsymbol{y}$ é um vetor com o valor esperado ou real, $\boldsymbol{\hat{y}}$ é um vetor com os valores da previsão feita pelo modelo em estudo, e $\boldsymbol{s}$ o número de amostras.

O MSE é um valor que não se aproxima da escala das bases de dados ou dos dados normalizados, uma vez que penaliza erros muito grandes por quadratura, ou seja, um MSE mais pequeno significa um modelo melhor.

8.5.4.2 Raiz do MSE (RMSE)

A raiz do erro quadrático médio (RMSE) é uma métrica que avalia o erro:

$$RMSE(y,\hat{y}) = \sqrt{\frac{1}{s}\sum_{i=0}^{s-1}(y_i - \hat{y}_i)^2} \tag{8.13}$$

em que $\boldsymbol{y}$ é um vetor com o valor esperado ou real, $\hat{\boldsymbol{y}}$ é um vetor com os valores da previsão feita pelo modelo em estudo, e $\boldsymbol{s}$ o número de amostras.

O RMSE é um valor que se encontra na mesma escala dos valores das bases de dados ou dos dados normalizados, obtendo a raiz quadrada do MSE, ou seja, um RMSE mais baixo significa um modelo melhor.

8.5.4.3 Erro médio absoluto (MAE)

O erro absoluto médio (MAE) é uma métrica que mostra o valor absoluto médio da diferença entre o valor esperado e o valor obtido:

$$MAE(y,\hat{y}) = \frac{1}{s}\sum_{i=0}^{s-1}|y_i - \hat{y}_i| \tag{8.14}$$

em que $\boldsymbol{y}$ é um vetor com o valor esperado ou real, $\hat{\boldsymbol{y}}$ é um vetor com os valores da previsão feita pelo modelo em estudo, e $\boldsymbol{s}$ o número de amostras.

O MAE é um valor que está na mesma escala que os valores em bases de dados ou dados padronizados, mas a diferença em relação ao RMSE é que não penaliza os erros quadráticos, ou seja, um MAE mais baixo significa um modelo melhor.

8.5.4.4 Coeficiente de determinação ($\boldsymbol{R^2}$)

O coeficiente de determinação é uma proporção utilizada para determinar a qualidade do ajuste de um modelo, indicando o número de amostras não observadas que são susceptíveis de serem previstas pelo modelo:

$$R^2(y,\hat{y}) = 1 - \frac{\sum_{i=0}^{s-1}(y_i - \hat{y}_i)^2}{\sum_{i=0}^{s-1}(y_i - \mu)^2} \tag{8.15}$$

em que $\boldsymbol{\mu}$ é a média aritmética de $\boldsymbol{y}$, $\boldsymbol{y}$ é um vetor com o valor esperado ou real, $\hat{\boldsymbol{y}}$ é um vetor com os valores da previsão feita pelo modelo em estudo, e so número de amostras.

O melhor valor possível de $\boldsymbol{R^2}$é ***1,0***, o que indica que o modelo de previsão está perfeitamente ajustado aos dados reais. Um resultado de ***1,0*** é possível e indica que a relação é inversa entre o modelo de previsão e a produção esperada. Um resultado de ***0,0*** mostra a incapacidade de previsão do modelo.

8.6 Bases de dados relacionais (RDB) e estruturação de dados para cidades inteligentes

As bases de dados relacionais (RDB) desempenham um papel crucial na infraestrutura de gestão de dados das cidades inteligentes. Proporcionam uma forma estruturada e eficiente de armazenar, recuperar e gerir as grandes quantidades de dados gerados por vários sistemas urbanos e dispositivos da Internet das Coisas (IoT). Esta secção explora a importância das bases de dados relacionais nas cidades inteligentes, fornecendo exemplos detalhados das suas aplicações.

8.6.1 Estruturação e gestão de dados

As bases de dados relacionais são concebidas para lidar com dados estruturados, que são organizados em tabelas com esquemas predefinidos. Esta organização permite uma gestão eficiente dos dados, garantindo que a integridade e a consistência dos dados são mantidas em várias aplicações e serviços numa cidade inteligente. A utilização da linguagem de consulta estruturada (SQL) permite consultas complexas e a manipulação de dados, que são essenciais para obter informações acionáveis a partir de dados urbanos.

As bases de dados relacionais ajudam a organizar informações de várias fontes urbanas e permitem:

- ***Organização da informação urbana***
  - ✓ ***Tabelas relacionais:*** *Os dados são estruturados em tabelas, facilitando a navegação e a extração selectiva.*
  - ✓ ***Relações entre dados:*** *São estabelecidas ligações entre diferentes dados urbanos, permitindo uma compreensão holística.*
- **Integração de várias fontes**
  - ✓ *Os BDR integram dados de sensores, serviços em linha e outras fontes, proporcionando uma visão abrangente do ecossistema urbano.*

8.7 -Exemplos de RDBs em cidades inteligentes

8.7.1 Gestão de serviços urbanos

No contexto da gestão de serviços urbanos, as bases de dados relacionais são utilizadas para armazenar e gerir dados relacionados com vários serviços urbanos, como a gestão de resíduos, os transportes públicos e os serviços de utilidade pública. Por exemplo, o sistema de gestão de resíduos de uma cidade pode utilizar uma RDB para controlar os horários de recolha de resíduos, as rotas dos veículos e os pedidos de serviço. Ao consultar a base de dados, os funcionários da cidade podem otimizar as rotas de recolha e garantir a prestação atempada de serviços, aumentando a eficiência e reduzindo os custos operacionais.

Estudo de caso: A cidade de Barcelona utiliza uma base de dados relacional para gerir o seu sistema inteligente de recolha de resíduos. A base de dados armazena dados de sensores IoT colocados em contentores de lixo, que monitorizam os níveis de enchimento. Esta informação é utilizada para ajustar dinamicamente as rotas de recolha, levando a reduções significativas no consumo de combustível e nos custos operacionais.

8.7.2 Gestão do tráfego

Os sistemas de gestão de tráfego em cidades inteligentes baseiam-se em bases de dados relacionais para armazenar e analisar dados de tráfego, tais como contagens de veículos, temporização de sinais de trânsito e relatórios de incidentes. Ao integrar dados de várias fontes, como câmaras e sensores de trânsito, a base de dados fornece uma visão abrangente das condições de trânsito da cidade. Esta informação pode ser utilizada para otimizar o fluxo de tráfego, reduzir o congestionamento e melhorar a segurança.

Estudo de caso: Em Singapura, a Autoridade de Transportes Terrestres (LTA) utiliza uma base de dados relacional para gerir os dados de tráfego recolhidos por sensores e câmaras rodoviárias. Os dados são analisados para ajustar os tempos dos sinais de trânsito em tempo real, aliviando o congestionamento e melhorando os tempos de deslocação dos utentes.

8.7.3 Segurança pública e resposta a emergências

As bases de dados relacionais são essenciais para os sistemas de segurança pública e de resposta a emergências. Armazenam dados sobre incidentes, disponibilidade de recursos e tempos de resposta, permitindo a tomada de decisões rápidas e informadas durante as emergências. A capacidade de cruzar dados de diferentes fontes ajuda a coordenar esforços e a afetar recursos de forma eficiente.

Estudo de caso: O Departamento de Polícia da Cidade de Nova Iorque (NYPD) utiliza uma base de dados relacional para gerir os dados de criminalidade e os registos de resposta a emergências. Ao analisar padrões e tendências nos dados, o NYPD pode afetar recursos de forma mais eficaz e responder mais rapidamente aos incidentes.

8.7.4 Gestão de serviços públicos

Os sistemas de gestão de serviços públicos, como os de água e eletricidade, utilizam bases de dados relacionais para armazenar dados de consumo, monitorizar o desempenho do sistema e gerir a faturação. Esta gestão centralizada de dados permite aos fornecedores de serviços públicos detetar anomalias, evitar falhas e oferecer serviços personalizados aos residentes.

Estudo de caso: A cidade de Copenhaga utiliza uma base de dados relacional para gerir o seu sistema de água inteligente. A base de dados recolhe dados de sensores instalados na rede de distribuição de água, monitorizando parâmetros como o caudal e a pressão. Estes dados ajudam a detetar fugas e a otimizar a distribuição de água, garantindo uma utilização eficiente dos recursos.

8.8 Utilização de dados urbanos e integração com a IA

A integração de dados urbanos com Inteligência Artificial (IA) desempenha um papel fundamental na transformação das cidades em cidades inteligentes. Ao tirar partido de grandes volumes de dados e de técnicas avançadas de IA, as cidades podem aumentar a sua eficiência operacional, melhorar a prestação de serviços e proporcionar uma melhor qualidade de vida aos seus residentes. Esta secção explora o papel dos dados urbanos, a evolução das bases de dados relacionais (RDB) para lidar com dados em grande escala e a integração da IA para análises e previsões avançadas, com o apoio de exemplos específicos.

8.8.1 Vantagens das bases de dados relacionais nas cidades inteligentes

A utilização de bases de dados relacionais é fundamental para a gestão da informação em cidades inteligentes. Dentre as principais vantagens de sua utilização, podemos destacar as seguintes:

- **Integridade e consistência dos dados:** As bases de dados relacionais garantem que os dados permanecem consistentes e exactos em várias aplicações e sistemas.
- **Consulta eficiente:** A SQL fornece uma ferramenta poderosa para a consulta e análise de dados, permitindo manipulações de dados complexas e conhecimentos.
- **Escalabilidade:** As bases de dados relacionais podem tratar grandes volumes de dados, o que as torna adequadas para os requisitos de dados alargados das cidades inteligentes.
- **Segurança:** As funcionalidades de segurança avançadas das bases de dados relacionais ajudam a proteger os dados urbanos sensíveis contra o acesso não autorizado e as violações.

8.8.2 Evolução das bases de dados relacionais para dados urbanos (escalabilidade)

As bases de dados relacionais (RDB) são fundamentais na gestão de dados urbanos devido à sua capacidade de manter a integridade e a consistência dos dados e de efetuar consultas estruturadas através de SQL. À medida que as cidades inteligentes geram volumes de dados cada vez maiores a partir de várias fontes, como dispositivos IoT, sensores e serviços públicos, as RDBs precisam de evoluir para lidar eficazmente com esta escalabilidade.

a) Tratamento do volume de dados

As RDB modernas são concebidas para escalar horizontalmente, distribuindo os dados por vários servidores, e verticalmente, optimizando os recursos de hardware. Esta evolução é essencial para gerir as grandes quantidades de dados gerados nas cidades inteligentes.

Exemplo: A cidade de Amesterdão utiliza uma RDB escalável para gerir dados da sua extensa rede de sensores IoT. Este sistema recolhe dados sobre a qualidade do ar, o tráfego e o consumo de energia, permitindo a monitorização em tempo real e o planeamento a longo prazo.

b) Alta Disponibilidade e Tolerância a Falhas

A escalabilidade nas BDR implica também garantir uma elevada disponibilidade e tolerância a falhas, cruciais para serviços urbanos ininterruptos. Técnicas como a replicação de dados e as bases de dados distribuídas ajudam a atingir estes objectivos.

Exemplo: A infraestrutura da cidade inteligente de Singapura utiliza um sistema RDB distribuído para garantir que os serviços críticos, como os transportes públicos e a resposta a emergências, permaneçam operacionais mesmo durante picos de carga ou falhas do sistema.

8.8.3 Integração da IA com bases de dados relacionais para análises avançadas

A integração da IA com RDBs aumenta a capacidade de realizar análises avançadas e fazer previsões precisas com base em dados urbanos. Esta sinergia permite a tomada de decisões em tempo real, a manutenção preditiva e a atribuição optimizada de recursos.

a) Análise preditiva

Os algoritmos de IA, nomeadamente a aprendizagem automática (ML) e a aprendizagem profunda (DL), podem analisar dados históricos armazenados em RDB para prever tendências futuras. Esta capacidade é inestimável para o planeamento e a gestão urbanos.

Exemplo: A cidade de Nova Iorque utiliza a IA para analisar dados históricos de criminalidade armazenados em RDBs. A análise preditiva ajuda o departamento de polícia a afetar recursos de forma mais eficaz, reduzindo as taxas de criminalidade em áreas de alto risco.

b) Análise de dados em tempo real

A integração da IA com RDBs permite a análise em tempo real de dados em fluxo contínuo. Isto é particularmente útil para aplicações que requerem conhecimentos imediatos, como a gestão do tráfego e a resposta a emergências.

Exemplo: Los Angeles implementou um sistema de gestão de tráfego baseado em IA que se integra na sua RDB. Este sistema analisa os dados de tráfego em tempo real para otimizar a temporização dos sinais, reduzindo o congestionamento e melhorando os tempos de deslocação.

c) Deteção de anomalias

A IA pode detetar anomalias nos dados urbanos, como um consumo de energia invulgar ou padrões de tráfego inesperados, permitindo medidas proactivas para resolver potenciais problemas.

Exemplo: Em Tóquio, os sistemas de IA monitorizam os dados de consumo de energia armazenados em RDBs para detetar anomalias que possam indicar falhas ou ineficiências do equipamento. Esta deteção precoce ajuda a tomar medidas preventivas, garantindo um fornecimento estável de energia.

8.8.4 Vantagens da integração da IA com bases de dados relacionais

- **Tomada de decisões melhorada:** A IA fornece informações mais aprofundadas a partir dos dados, facilitando os processos de tomada de decisões informadas.

- **Melhoria da eficiência:** A análise automatizada e as capacidades de previsão conduzem a operações urbanas e à gestão de recursos mais eficientes.

- **Escalabilidade:** As técnicas de IA podem tratar e processar grandes volumes de dados, garantindo que o sistema se mantém eficaz à medida que os dados aumentam.

- **Personalização de serviços:** A IA pode analisar dados para fornecer serviços personalizados aos residentes, tais como rotas de transportes públicos adaptadas ou recomendações de cuidados de saúde personalizadas.

8.8.5 Custos de implementação e tempo de retorno

A implementação de sistemas RDB integrados na IA envolve custos iniciais significativos, incluindo hardware, software e pessoal qualificado. No entanto, o tempo de retorno do investimento pode ser justificado pelos benefícios a longo prazo, como a melhoria da eficiência, a redução dos custos operacionais e a melhoria da prestação de serviços.

a) Investimento inicial

- **Hardware e software:** investimento em servidores de alto desempenho, soluções de armazenamento e software avançado de IA.

- **Pessoal qualificado:** Contratação de cientistas de dados, especialistas em IA e administradores de bases de dados.

- **Infra-estruturas:** Criação da infraestrutura necessária para a recolha, armazenamento e processamento de dados.

b) Período de retorno do investimento

- **Benefícios a curto prazo**: Melhorias imediatas na eficiência do serviço e redução de custos em áreas como a gestão da energia e a otimização do tráfego.

- **Benefícios a longo prazo:** Melhoria do planeamento urbano, melhor afetação de recursos e melhoria global da qualidade de vida dos residentes.

Exemplo: A iniciativa de cidade inteligente em Barcelona envolveu investimentos iniciais significativos em infra-estruturas de IA e RDB. No entanto, a cidade registou poupanças de custos substanciais na gestão da energia e na recolha de resíduos, com um período de recuperação de aproximadamente 5 anos.

8.9 Conclusões e perspectivas

As bases de dados relacionais são parte integrante do funcionamento das cidades inteligentes, fornecendo uma solução robusta e escalável para gerir as vastas quantidades de dados gerados pelos sistemas urbanos e dispositivos IoT. A sua capacidade de estruturar, armazenar e analisar dados de forma eficiente torna-as indispensáveis para otimizar as operações da cidade, melhorar a prestação de serviços e melhorar a qualidade de vida geral dos residentes.

À medida que as iniciativas de cidades inteligentes continuam a evoluir, o papel das bases de dados relacionais tornar-se-á mais crítico, suportando aplicações e serviços cada vez mais sofisticados. Os estudos de caso demonstram a sua aplicação prática na gestão e planeamento de serviços urbanos, destacando o seu papel na melhoria da sustentabilidade e habitabilidade das cidades. Olhando para o futuro, a integração da IA com bases de dados relacionais oferece perspectivas promissoras para o futuro, garantindo a escalabilidade e a inovação contínua no domínio das cidades inteligentes.

A integração de dados urbanos com IA e a evolução das RDBs são componentes críticos no desenvolvimento de cidades inteligentes. Estas tecnologias fornecem a base para a análise avançada de dados, a previsão e a tomada de decisões em tempo real, que são essenciais para uma gestão eficiente da cidade e para a melhoria dos serviços prestados aos residentes. À medida que as cidades inteligentes continuam a crescer e a gerar mais dados, o papel das RDBs escaláveis e da IA tornar-se-á cada vez mais importante, impulsionando mais inovação e otimização nos ambientes urbanos.

Por último, as RDB são fundamentais para as estratégias de gestão de dados das cidades inteligentes. Fornecem a estrutura e a eficiência necessárias para lidar com grandes quantidades de dados, permitindo a análise e a tomada de decisões em tempo real.

Como perspectivas futuras podemos contemplar a evolução das bases de dados relacionais nos próximos anos para lidar com volumes cada vez maiores de dados urbanos, e uma maior integração com a IA, permitindo assim efetuar análises mais avançadas e previsões mais precisas.

8.10 Referências

Estas referências fornecem uma base sólida para compreender o papel das bases de dados relacionais na gestão de dados para cidades inteligentes, bem como perspectivas futuras sobre a integração e a escalabilidade da IA.

1. **Elmagarmid, A. K., McIver, W. J. (2001):** "Special section on database systems and applications for smart cities", **Distributed and Parallel Databases,** 9(3), 199-200.
2. **Hashem, I. A. T., Yaqoob, I., Anuar, N. B., Mokhtar, S., Gani, A., Khan, S. U. (2015):** "A ascensão do "Big Data" na computação em nuvem: Review and open research issues.", **Information Systems,** 47, 98-115.
3. **Batty, M. (2013):** "Big data, smart cities and city planning.", **Dialogues in Human Geography,** 3(3), 274-279.
4. **Cuzzocrea, A., Song, I. Y., Davis, K. C. (2011):** "Analytics over large-scale multidimensional data: The big data revolution!", **Actas do 14.º Workshop Internacional da ACM sobre Armazenamento de Dados e OLAP (DOLAP),** 101-104.
5. **Nam, T., & Pardo, T. A. (2011):** "Conceptualizing smart city with dimensions of technology, people, and institutions.", **Actas da 12.ª Conferência Internacional Anual de Investigação sobre Governo Digital: Digital Government Innovation in Challenging Times,** 282-291.

6. **Zanella, A., Bui, N., Castellani, A., Evangelista, L., Zorzi, M. (2014):** "Internet of Things for Smart Cities.", **IEEE Internet of Things Journal**, 1(1), 22-32.

7. **Chourabi, H., Nam, T., Walker, S., Gil-Garcia, J. R., Mellouli, S., Nahon, K., Scholl, H. J. (2012):** "Understanding smart cities: An integrative framework.", **Proceedings of the 45th Hawaii International Conference on System Sciences**, 2289-2297.

8. **Silva, B. N., Khan, M., Han, K. (2018):** "Rumo a cidades inteligentes sustentáveis: A review of trends, architectures, components, and open challenges in smart cities.", **Sustainable Cities and Society,** 38, 697-713.

9. **Kitchin, R. (2014):** "A cidade em tempo real? Big data and smart urbanism.", **GeoJournal,** 79(1), 1-14.

10. **Al Nuaimi, E., Al Neyadi, H., Mohamed, N., Al-Jaroodi, J. (2015):** "Applications of big data to smart cities.", **Journal of Internet Services and Applications,** 6(1), 1-15.

11. **Caceres Florez, C.A. (2020):** "Engenharia de Sistemas utilizando conceitos de Inteligência Artificial, Ciência de Dados e Indústria 4.0", **Tese de Doutorado, UNICAMP,** Campinas, Brasil, julho de 2020.

12. **Taddy, Matt. Ciência de dados empresariais (2022):** "Combinar a aprendizagem automática e a economia para otimizar, automatizar e acelerar as decisões empresariais".

13. **Smith, Taylor G. (2017):** "Pmdarima: Estimadores ARIMA para Python", http://www.alkaline-ml.com/pmdarima.

14. **Box, G., Jenkins, Gm; Reinsel, Gc; Ljung, Gm (2015):** 'Time series analysis: forecasting and control", 5. **ed., John Wiley & Sons**, 2015.

15. **Hyndman, R.J.; Athanasopoulos, G. (2018):** "Forecasting: principles and practice", 2. ed., **OTexts**, Melbourne, Austrália, 2018.

16. **James, G.; Witten, D.; Hastie, T.; Tibshirani, R. (2013):** "An Introduction to Statistical Learning", **Springer NY,** v. 103, DOI: 10.1007/978-1-4614-7138-7.

17. **Runkler, T.A. (2016):** "Data Analytics". **Wiesbaden: Springer Fachmedien,** DOI: 10.1007/978-3-658-14075-5, http://link.springer.com/10.1007/978-3- 658-14075-5.

Capítulo 9

Modelos de previsão para cidades inteligentes

A importância dos modelos de previsão com Machine Learning (ML), Deep Learning (DL) e Convolutional Neural Networks (CNN) para as cidades inteligentes é ilustrada por aplicações concretas na previsão de tendências urbanas, na análise de dados complexos e na otimização da tomada de decisões.

As técnicas de ML, DL e CNN (Figura 9.1) fornecem soluções inovadoras para a gestão de dados urbanos e para a tomada de decisões, trazendo um impacto dos modelos de previsão nas cidades inteligentes. Este capítulo descreve os seguintes aspetos

- **Aprendizagem automática e cidades inteligentes:** Introdução às técnicas de ML para prever tendências urbanas e otimizar recursos.

- **Aprendizagem profunda para análise de dados urbanos:** Explorando aplicações de DL para analisar conjuntos de dados urbanos grandes e complexos.

- **Redes Neuronais para Decisões Urbanas:** Como as NN contribuem para a tomada de decisões com base em dados precisos e para a otimização dos processos urbanos.

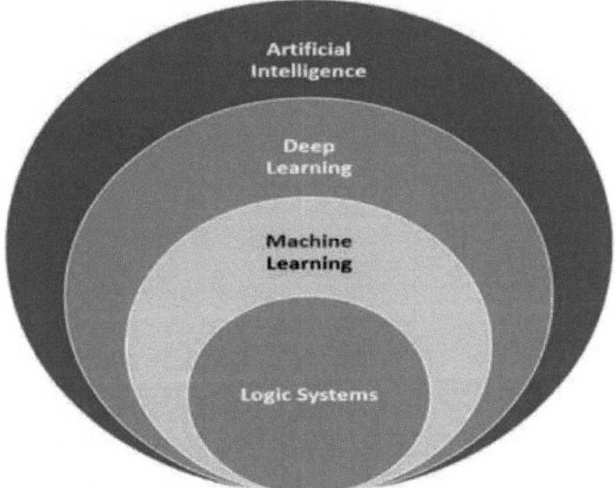

Figura 9.1: Técnicas ML, DL e RN.

Este capítulo analisa a aplicação de técnicas avançadas de IA, incluindo a Aprendizagem Automática (AM), a Aprendizagem Profunda (AP) e as Redes Neuronais Convolucionais (RNC), no desenvolvimento de cidades inteligentes. Examina a forma como estas tecnologias podem ser aproveitadas para a análise de dados urbanos, a tomada de decisões e a integração de sistemas, juntamente com os benefícios e desafios associados à sua implementação.

9.1 Revisão da bibliografia

De seguida, faremos uma revisão da literatura sobre a aplicação de técnicas avançadas de IA, incluindo ML, DL e NN, no desenvolvimento de cidades inteligentes.

9.1.1 Ciclo de vida da ciência dos dados e da análise de dados

A Ciência e Análise de Dados são áreas que necessitam de um ciclo de vida composto por etapas ou fases necessárias para a realização de um projeto e devem seguir uma metodologia estabelecida para facilitar o desenvolvimento e a gestão de um projeto. A prospeção de dados é uma área relacionada com a Ciência e Análise de Dados, (ROSE, 2016), composta por um ciclo de vida de projeto conhecido como Cross Industry Standard Process for Data Mining ou CRISP- DM).

9.1.2 Aprendizagem automática (ML) e cidades inteligentes

A aprendizagem automática (AM) tornou-se uma pedra angular na evolução das cidades inteligentes, oferecendo métodos sofisticados para analisar grandes volumes de dados urbanos. De acordo com Shi, Xie e Ma (2018), as tecnologias de AM permitem que as cidades obtenham informações significativas de diversos conjuntos de dados, facilitando a tomada de decisões e a alocação de recursos. Por exemplo, os algoritmos de ML podem prever padrões de tráfego, otimizar o consumo de energia e melhorar a segurança pública através da identificação de pontos críticos de criminalidade.

9.1.3 Utilização da aprendizagem profunda (DL) para a análise de dados urbanos

A Aprendizagem Profunda (AP) representa um subconjunto avançado de AM que utiliza redes neuronais com várias camadas para modelar padrões de dados complexos. Conforme destacado por Deng e Yu (2014), os métodos de DL têm mostrado um desempenho notável em tarefas de análise de dados urbanos, como reconhecimento de imagens para sistemas de vigilância e modelagem preditiva para redes de transporte. Liu et al. (2017) fazem um levantamento abrangente sobre a aplicação de DL na mobilidade urbana, enfatizando seu potencial para prever com precisão os fluxos de tráfego e o comportamento dos passageiros.

9.1.4 Redes neurais para decisões urbanas

As redes neuronais (NN) são particularmente eficazes no apoio aos processos de tomada de decisões urbanas. Goodfellow, Bengio e Courville (2016) explicam que as NN podem aprender relações intrincadas dentro dos dados urbanos, tornando-as adequadas para tarefas como a gestão do tráfego em tempo real e a monitorização ambiental. Por exemplo, as NN podem analisar dados de sensores de dispositivos IoT para detetar anomalias na qualidade do ar, fornecendo aos funcionários municipais informações úteis para mitigar a poluição.

9.1.5 Sistema integrado de gestão do tráfego urbano

Um sistema integrado para a gestão do tráfego urbano utiliza uma combinação de ML, DL e NN para otimizar o fluxo de tráfego e reduzir o congestionamento. Cheng, Zhang e Li (2020) analisam vários modelos de aprendizagem profunda para a previsão de tráfego, ilustrando como estes modelos podem ser integrados num sistema coeso para gerir o tráfego urbano de forma dinâmica. Estes sistemas podem ajustar os sinais de trânsito em tempo real, reencaminhar os veículos para evitar congestionamentos e prever as condições de trânsito futuras com base em dados históricos.

9.1.6 Vantagens e desvantagens da utilização da IA

A adoção de tecnologias de IA nas cidades inteligentes oferece inúmeras vantagens, incluindo uma maior eficiência, uma melhor gestão dos recursos e uma melhor qualidade de vida para os residentes. No entanto, estas tecnologias também apresentam algumas desvantagens. Como salientam Glaeser et al. (2018), a implementação da IA pode ser dispendiosa, exigindo um investimento substancial em infra-estruturas e manutenção contínua. Além disso, existem preocupações sobre a privacidade e a segurança dos dados, bem como sobre o potencial de deslocação de postos de trabalho devido à automatização.

9.1.7 Custos de implementação e tempo de retorno

Os custos associados à implementação da IA nas cidades inteligentes podem ser significativos, abrangendo hardware, software e recursos humanos. Mohammed et al. (2018) discute as implicações financeiras da implantação de modelos de aprendizagem profunda para a análise de big data da IoT, observando que, embora os investimentos iniciais sejam altos, os benefícios a longo prazo geralmente superam os custos. O tempo de retorno dos investimentos em IA varia em função da aplicação específica e da escala, mas as cidades podem esperar ver retornos através de uma maior eficiência operacional e de despesas reduzidas ao longo do tempo.

9.2 Ciclo de vida da ciência dos dados e da análise de dados

O ciclo de vida do projeto para as áreas de Ciência e Análise de Dados (Song e Zhu, 2017) é apresentado na figura 9.2. Este ciclo de vida é composto por 4 fases: Preparação, Pré-processamento; Análise e pós-processamento.

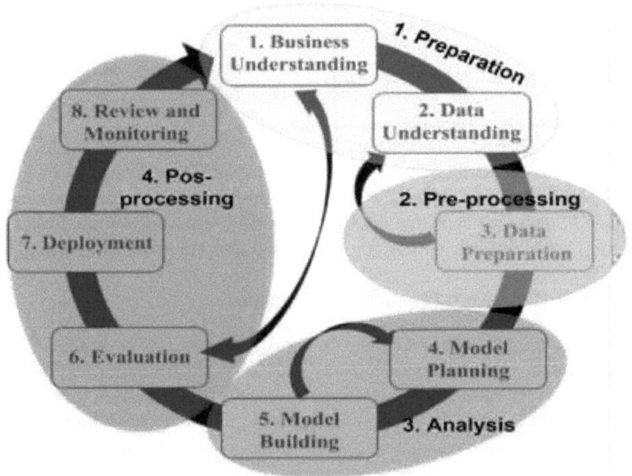

Figura 9.2: Ciclo de vida da ciência dos dados e da análise de dados.

Podemos definir de forma abrangente as tarefas apresentadas na Figura 9.2, relacionadas a cada etapa do ciclo de vida do projeto para Ciência e Análise de Dados (RUNKLER, 2016; SONG; ZHU, 2017):

1. Preparação:

- Definição do problema e das métricas para a sua avaliação.
- Geração de hipóteses (principalmente em Data Science).
- Identificação das fontes de dados.
- Aquisição e seleção de dados.

2. Pré-processamento:

- Limpeza, filtragem, correção, normalização e transformação de dados.

3. Análise:

- Análise exploratória de dados.
- Escolha o tipo de modelo, regressão, previsão, classificação ou agrupamento.
- Seleção de métodos e técnicas para a criação do modelo.
- Seleção de variáveis-chave.
- Criação de modelos.
- Analisar os resultados dos modelos, até obter o modelo com os parâmetros desejados.

4. Pós-processamento:

- Avaliação dos modelos de acordo com as métricas.
- Interpretação de modelos.
- Documentação do modelo.
- Comunicação dos resultados.
- Integração de modelos em painéis de controlo (principalmente em Data Science).
- Comunicação de recomendações (principalmente no domínio da ciência dos dados).
- Monitorização e melhoria do desempenho (principalmente em ciência dos dados).

9.3 Inteligência Artificial (IA)

A IA é a área de estudo que tenta compreender e criar entidades inteligentes, com a capacidade de entender, interpretar e aproveitar a experiência para atingir objectivos bem definidos (Figura 9.3).

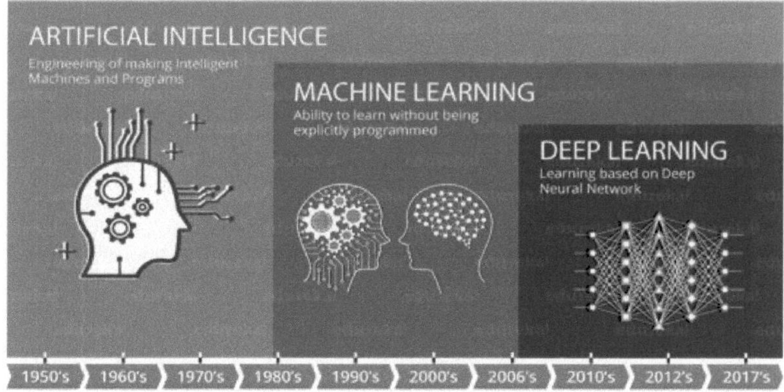

Figura 9.3: ***Inteligência artificial, aprendizagem automática, aprendizagem profunda.***

Seu principal objetivo é o desenvolvimento de agentes inteligentes, que com base no uso da experiência possam interagir em um ambiente de forma autônoma, apresentando capacidade de aperfeiçoamento ao longo do tempo (RUSSELL; NORVIG, 2009).

O teste completo de Turing procura determinar o nível de Inteligência de um agente sob a perspetiva humana. Dentre as principais caraterísticas de um sistema inteligente podemos encontrar (RUSSELL; NORVIG, 2009):

- **Processamento de linguagem natural:** capacidade de comunicar numa determinada língua.

- **Representação do conhecimento:** capacidade de armazenar e representar o que um agente ouve ou sabe.

- **Raciocínio automatizado:** está relacionado com a utilização de informação armazenada para responder a perguntas ou obter conclusões.

- **Aprendizagem automática:** Mostra a capacidade de se adaptar a novas circunstâncias através da deteção e extrapolação de padrões.

- **Visão artificial:** capacidade de detetar e perceber diferentes objectos.

- **Interação com a robótica:** baseada na integração de um sistema computacional com um sistema físico, mostrando assim a capacidade de interação, manipulação e deslocação de objectos com êxito.

A Inteligência Artificial (IA) é um domínio muito vasto, podendo destacar-se os seguintes tópicos de interesse:

- **Aprendizagem automática:** conjunto de algoritmos que utilizam dados históricos ou experiências passadas para desenvolver modelos de classificação, regressão e previsão.

- **Computação evolutiva:** grupo de algoritmos que se centram na otimização de sistemas complexos, imitando os processos de evolução natural.

9.4 Aprendizagem automática (ML)

A aprendizagem automática (ML) é um ramo da IA que se centra no desenvolvimento de algoritmos que permitem aos computadores aprender e fazer previsões ou tomar decisões com base em dados. Eis uma visão geral pormenorizada dos principais conceitos e elementos envolvidos na aprendizagem automática.

A aprendizagem automática é o processo de treino de modelos em dados para lhes permitir fazer previsões ou tomar decisões sem serem explicitamente programados. O objetivo é desenvolver algoritmos que possam generalizar a partir de dados de amostra para dados não vistos.

9.4.1- Algoritmos de aprendizagem automática

Os algoritmos são o núcleo do ML, permitindo a análise de grandes quantidades de dados para descobrir padrões e fazer previsões. Alguns dos algoritmos mais utilizados nas cidades inteligentes incluem:

- **Algoritmos de regressão**: Utilizados para prever valores contínuos (por exemplo, prever a procura de transportes).

- **Algoritmos de classificação**: Utilizados para categorizar dados em diferentes classes (por exemplo, detetar tipos de resíduos para reciclagem).

- **Algoritmos de agrupamento:** Utilizados para agrupar pontos de dados semelhantes (por exemplo, segmentar áreas urbanas com base em dados demográficos).

- **Aprendizagem por reforço:** Utilizada para tomar uma sequência de decisões (por exemplo, ajustar a temporização dos semáforos).

9.4.2- Tipos de aprendizagem

9.4.2.1 Aprendizagem supervisionada: Envolve o treino de um modelo num conjunto de dados rotulados, o que significa que cada exemplo de treino é emparelhado com um rótulo de saída.

Exemplo: Classificação (previsão de rótulos discretos) e Regressão (previsão de valores contínuos).

9.4.2.2 Aprendizagem não supervisionada: Envolve o treino de um modelo em dados que não têm respostas rotuladas.

Exemplos: Agrupamento (agrupar pontos de dados semelhantes) e Associação (encontrar regras que descrevam grandes porções de dados).

9.4.2.3 Aprendizagem Semi-Supervisionada: Utiliza dados rotulados e não rotulados para a formação. Normalmente, uma pequena quantidade de dados etiquetados e uma grande quantidade de dados não etiquetados.

9.4.2.4 Aprendizagem por reforço: Consiste em treinar um modelo para tomar sequências de decisões, recompensando os comportamentos desejados e punindo os indesejados.

Exemplo: Jogos de azar, robótica.

9.4.3- Tipos de supervisão

- **Totalmente supervisionado:** Todos os pontos de dados têm rótulos.
- **Semi-Supervisionado:** Alguns pontos de dados têm etiquetas.
- **Não supervisionado:** Nenhum ponto de dados tem etiquetas.
- **Reforço:** As etiquetas são dadas sob a forma de recompensas ou de sanções.

9.4.4- Componentes de aprendizagem

- **Modelo:** A representação matemática de um processo do mundo real.
- **Dados:** O conjunto de dados utilizado para treinar o modelo, incluindo caraterísticas e rótulos.
- **Caraterísticas:** Os atributos ou variáveis de entrada utilizados para efetuar previsões.
- **Etiquetas:** A variável de saída ou o objetivo que o modelo prevê.
- **Algoritmo:** O procedimento utilizado para treinar o modelo nos dados.

9.4.5 - Função de Custo e Otimização

- **Função de custo:** Mede o grau de correspondência entre as previsões do modelo e os rótulos reais. Exemplos comuns incluem o erro quadrático médio (MSE) para regressão e a perda de entropia cruzada para classificação.

- **Função de otimização:** O processo de ajuste dos parâmetros do modelo para minimizar a função de custo. Os algoritmos mais comuns incluem o Gradiente Descendente e as suas variantes (Gradiente Descendente Estocástico, Gradiente Descendente Mini-Batch).

9.4.6 - Medidas de desempenho

São utilizadas métricas como a exatidão, a precisão, a recuperação, a pontuação F1, o ROC-AUC, o erro absoluto médio (MAE) e o erro quadrático médio (MSE) para avaliar a eficácia do modelo.

a) **Exatidão:** O rácio entre as observações corretamente previstas e o total de observações.

b) **Precisão:** O rácio entre as observações positivas corretamente previstas e o total de observações positivas previstas.

c) **Recuperação (Sensibilidade):** O rácio de observações positivas corretamente previstas em relação a todas as observações na classe real.

d) **Pontuação F1:** A média harmónica da precisão e da recuperação.

e) **ROC-AUC:** A Área sob a Curva Caraterística de Funcionamento do Recetor mede a capacidade do modelo para distinguir entre classes.

f) **Erro médio absoluto (MAE):** A média das diferenças absolutas entre os valores previstos e reais.

g) **Erro médio quadrático (MSE):** A média das diferenças quadráticas entre os valores previstos e reais.

9.4.7 - Processo de treino/validação e hiperparâmetros

Esta abordagem estruturada garante que o modelo não só aprende com os dados, mas também generaliza bem para dados novos e não vistos, fornecendo previsões ou decisões fiáveis e robustas em aplicações práticas para cidades inteligentes.

a) **Conjunto de treinamento:** O subconjunto de dados utilizado para treinar o modelo.

b) **Conjunto de validação:** O subconjunto de dados utilizado para afinar os hiperparâmetros e evitar o sobreajuste.

c) **Conjunto de teste:** O subconjunto de dados utilizado para avaliar o desempenho do modelo final.

9.4.8 - Abordagem estruturada

A implementação de um processo de aprendizagem automática (ML) envolve uma abordagem estruturada de forma a garantir que o modelo não só aprende com os dados, mas também generaliza bem para dados novos e não vistos, fornecendo previsões ou decisões fiáveis e robustas em aplicações práticas.

O processo de formação e validação de modelos de ML envolve várias etapas, que podem ser visualizadas numa figura que representa a interação entre as fases de formação, validação e teste. Os elementos-chave incluem:

1. **Divisão de dados:** dividir o conjunto de dados em conjuntos de treino, validação e teste.
2. **Treino do modelo:** Utilizar o conjunto de treino para aprender os parâmetros do modelo (pesos, enviesamentos).
3. **Ajuste de hiperparâmetros:** Ajustar os hiperparâmetros (taxa de aprendizagem, número de camadas) utilizando o conjunto de validação para otimizar o desempenho do modelo.
4. **Validação do modelo:** avaliar o desempenho do modelo no conjunto de validação para ajustar os hiperparâmetros e evitar o sobreajuste.
5. **Teste do modelo:** Avaliar o desempenho do modelo final no conjunto de teste para garantir que generaliza bem para dados não vistos.

A Figura 9.4 resume o processo de Formação/Validação que consiste nas fases de Formação, Validação e Avaliação, que envolve uma aplicação de Aprendizagem Automática com as seguintes fases

- **Fase de formação:**
  - **Parâmetros**: Os parâmetros internos do modelo (como os pesos) são aprendidos a partir dos dados de treino através da otimização.
  - **Hiperparâmetros**: Configurações externas (como taxa de aprendizagem, número de épocas) definidas antes do início do treino.

- **Fase de validação:**
  - Utilizar o conjunto de validação para afinar os hiperparâmetros.
  - Monitorizar o sobreajuste, assegurando que o modelo tem um bom desempenho nos conjuntos de treino e validação.

- **Fase de avaliação:**
  - Avaliar o modelo final no conjunto de teste.
  - Utilizar medidas de desempenho (exatidão, precisão, recordação) para avaliar a eficácia do modelo.

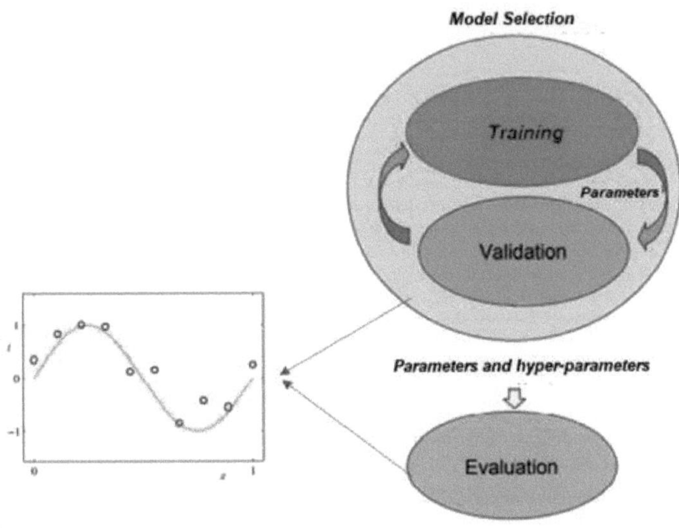

Figura 9.4: Método de aprendizagem automática.

9.5 Aprendizagem automática (ML) e cidades inteligentes

A Aprendizagem Automática (AM) envolve a utilização de algoritmos e modelos estatísticos para analisar dados, identificar padrões e fazer previsões ou tomar decisões sem ser explicitamente programada para efetuar essas tarefas. Em vez de seguirem regras pré-definidas, os modelos de ML aprendem com dados históricos a reconhecer padrões e a fazer previsões baseadas em dados.

No contexto das cidades inteligentes, o ML desempenha um papel fundamental na previsão das tendências urbanas, optimizando a utilização de recursos, aumentando a eficiência dos serviços urbanos e melhorando a qualidade de vida geral dos residentes. Ao tirar partido de grandes volumes de dados urbanos, o ML pode fornecer informações que ajudam os planeadores e administradores das cidades a tomar decisões informadas.

9.5.1 Previsão de tendências urbanas - Exemplo: Previsão da procura de transportes públicos

O ML pode ser utilizado para prever flutuações na procura de transportes públicos através da análise de vários factores urbanos, como a densidade populacional, condições meteorológicas, eventos especiais e padrões históricos de utilização. Os modelos de regressão, como a Regressão Linear ou técnicas mais avançadas como a Análise de Séries Temporais, podem ser utilizados para prever a procura futura.

Impacto: As previsões exactas ajudam a otimizar a atribuição de recursos como autocarros e comboios, reduzindo os tempos de espera e melhorando a eficiência global do sistema de transportes públicos.

9.5.2 Otimização da utilização de recursos - Exemplo: Gestão de redes inteligentes

Os algoritmos de ML podem analisar dados de vários sensores e dispositivos IoT implantados em toda a cidade para otimizar a utilização de recursos como a energia, a água e a gestão de resíduos.

Os modelos preditivos podem prever os padrões de consumo de energia e ajustar o fornecimento em tempo real para minimizar o desperdício e reduzir os custos. Isto conduz a uma utilização mais eficiente da energia e contribui para os esforços de sustentabilidade.

9.5.3 Melhoria dos serviços municipais - Exemplo: Otimização do fluxo de tráfego

O ML pode ser utilizado para melhorar uma vasta gama de serviços urbanos, desde a gestão do tráfego até à resposta a emergências.

Os modelos de aprendizagem automática podem analisar dados de tráfego em tempo real para prever congestionamentos e sugerir rotas óptimas, reduzindo assim os tempos de viagem e as emissões. Os algoritmos de aprendizagem por reforço podem ser particularmente eficazes para ajustar dinamicamente os tempos dos semáforos para melhorar o fluxo de tráfego.

9.5.4 Melhorar a qualidade de vida - Exemplo: Monitorização e gestão da qualidade do ar

Ao analisar dados de várias fontes, o ML pode contribuir para melhorar a qualidade de vida dos residentes da cidade.

Os modelos ML podem prever os níveis de qualidade do ar com base em dados de sensores de poluição, condições climatéricas e padrões de tráfego. Estas informações podem ser utilizadas para emitir avisos aos residentes e adotar medidas preventivas para melhorar a qualidade do ar.

9.6 Integração de Aprendizagem Profunda e Redes Neuronais em Cidades Urbanas

A integração da Aprendizagem Profunda e das Redes Neuronais na análise de dados urbanos e nos processos de tomada de decisões oferece inúmeros benefícios para as cidades inteligentes. A DL permite a análise de conjuntos de dados grandes e complexos, revelando informações valiosas para o planeamento e a segurança urbanos. As redes neurais facilitam a tomada de decisões precisas e a otimização dos processos urbanos, modelando relações intrincadas entre variáveis urbanas. Em conjunto, estas tecnologias melhoram a eficiência, a segurança e a habitabilidade dos ambientes urbanos, abrindo caminho para cidades mais inteligentes e com maior capacidade de resposta.

9.6.1 Aprendizagem profunda (DL) para análise de dados urbanos

A Aprendizagem Profunda (AP) desempenha um papel crucial na análise de grandes e complexos conjuntos de dados urbanos, permitindo às cidades inteligentes tirar partido de grandes quantidades de dados para uma melhor tomada de decisões e otimização dos processos urbanos.

- **Redes Neuronais Profundas:**

A DL utiliza redes neuronais profundas para realizar tarefas complexas de análise de dados que os métodos tradicionais de aprendizagem automática podem dificultar. Estas redes consistem em várias camadas que podem aprender representações hierárquicas de dados, tornando-as altamente eficazes para tarefas que envolvem conjuntos de dados grandes e não estruturados.

- **Aplicação em cidades inteligentes:**

No contexto das cidades inteligentes, o DL é utilizado para explorar e dar sentido a conjuntos de dados urbanos maciços e complexos. Estes incluem dados de várias fontes, como sensores, redes sociais, câmaras de trânsito e outros dispositivos IoT. Ao aplicar o DL, as cidades podem descobrir padrões e conhecimentos que informam o planeamento urbano, a atribuição de recursos e a prestação de serviços.

9.6.2 Análise de dados complexos

Uma aplicação notável da DL em cidades inteligentes é a análise de imagens urbanas para fins de segurança. As redes neurais convolucionais (CNN), um tipo de rede neural profunda, são particularmente adequadas para a análise de dados visuais, para analisar fluxos de vídeo urbanos e detetar incidentes de segurança.

Exemplo: As CNNs podem ser usadas para analisar fluxos de vídeo de câmaras de vigilância urbana para detetar incidentes de segurança, como acesso não autorizado, vandalismo ou comportamento suspeito. Estes modelos podem aprender a identificar padrões e anomalias nos dados de vídeo, permitindo uma monitorização em tempo real e uma resposta mais rápida às ameaças à segurança.

9.6.3 Redes neurais para decisões urbanas

O papel das redes neuronais (NN) nas decisões urbanas e contribuir para a tomada de decisões com base em dados precisos e para a otimização dos processos urbanos.

As Redes Neuronais (RN) contribuem significativamente para a tomada de decisões em ambientes urbanos, modelando relações complexas entre diferentes variáveis urbanas e optimizando processos urbanos com base em dados precisos.

9.6.3.1 Papel nas decisões urbanas:

As NNs são hábeis no manuseamento e interpretação de grandes volumes de dados, o que as torna inestimáveis para a tomada de decisões urbanas. Ao aprender com dados históricos, as NN podem prever tendências futuras, otimizar a utilização de recursos e melhorar a eficiência dos serviços urbanos.

Exemplo: Os modelos preditivos que utilizam NNs podem prever padrões de tráfego, ajudando a gerir o congestionamento e a otimizar o fluxo de tráfego. Podem também prever o consumo de energia, ajudando na distribuição eficiente da energia eléctrica pela cidade.

9.6.3.2 Modelação de relações complexas:

As NNs são particularmente eficazes na modelação de relações complexas entre vários factores urbanos, como a densidade populacional, a capacidade das infra-estruturas e as condições ambientais. Estes modelos podem fornecer informações que ajudam os planeadores urbanos a tomar decisões informadas para melhorar as condições de vida urbana.

9.6.3.3 Otimização dos processos urbanos:

As NN podem otimizar numerosos processos urbanos, como a programação dos transportes públicos, a gestão de resíduos e os sistemas de resposta a emergências. Por exemplo, uma NN pode analisar dados em tempo real de autocarros e comboios para otimizar os horários e as rotas, reduzindo os tempos de espera e melhorando a fiabilidade do serviço.

9.7 Utilização da aprendizagem profunda para a gestão integrada do tráfego urbano

A utilização da aprendizagem profunda (DL) para prever padrões de tráfego em tempo real e ajustar os semáforos para otimizar o fluxo de tráfego constitui um avanço significativo na gestão urbana. Este sistema integrado demonstra como a utilização combinada de inteligência artificial (IA), bases de dados relacionais (RDB) e modelos de previsão pode transformar a gestão do tráfego urbano, proporcionando benefícios substanciais e colocando desafios em termos de custos iniciais e manutenção técnica (Figura 9.5).

9.7.1 Parte operacional - Componentes principais

- **Recolha de dados**: Os sensores urbanos, as câmaras e as fontes de dados externas alimentam uma base de dados relacional (RDB) centralizada.
- **Inteligência Artificial**: Um sistema de IA analisa os dados armazenados na RDB em tempo real, identificando tendências e prevendo padrões de tráfego.
- **Modelos de previsão (ML, DL, NN)**: Os algoritmos de aprendizagem automática (ML), aprendizagem profunda (DL) e redes neuronais (NN) são utilizados para prever as condições de tráfego futuras.

9.7.2 Funcionamento operacional

- **Recolha contínua de dados**: Os sensores e as câmaras recolhem informações em tempo real sobre o tráfego, as condições meteorológicas e os incidentes.

- **Armazenamento e organização de dados**: Os dados são armazenados numa RDB, organizados em tabelas relacionais para uma recuperação rápida e uma gestão estruturada.
- **Análise de IA**: O sistema de IA analisa os dados da RDB para identificar padrões de tráfego, prever congestionamentos e recomendar ajustes.
- **Modelos de previsão**: Os modelos ML, DL e NN utilizam dados históricos e em tempo real para prever condições futuras, ajudando a antecipar as necessidades de gestão do tráfego.

Figura 9.5: Gestão integrada do tráfego urbano.

9.7.3 Exemplos de utilização

A integração da aprendizagem profunda e das bases de dados relacionais na gestão do tráfego urbano oferece perspectivas promissoras para melhorar a eficiência e a sustentabilidade das cidades inteligentes, apresentando simultaneamente desafios técnicos e financeiros que têm de ser cuidadosamente geridos.

9.7.3.1 Sistema inteligente de semáforos:

- **Recolha de dados:** Os sensores nos cruzamentos recolhem dados sobre as contagens, velocidades e direcções dos veículos.
- **Análise de IA:** A IA analisa estes dados para detetar padrões de tráfego e prever engarrafamentos.
- **Ajuste de semáforos:** Os modelos de previsão DL ajustam os ciclos dos semáforos em tempo real para melhorar o fluxo de tráfego e reduzir os tempos de espera.

9.7.3.2 Gestão dos transportes públicos:

- **Recolha de dados:** São recolhidos dados sobre a ocupação, os horários e os atrasos dos autocarros e do metro.

- **Análise de IA:** A IA analisa estes dados para prever as horas de ponta e otimizar os horários e os itinerários.
- **Ajuste do serviço:** Os modelos ML e DL permitem ajustes em tempo real na frequência do serviço, minimizando os tempos de espera dos passageiros.

9.7.3.3 Previsão de incidentes de trânsito:

- **Recolha de dados:** São recolhidas informações sobre acidentes, obras na estrada e condições meteorológicas.
- **Análise de IA:** A IA utiliza estes dados para identificar áreas de alto risco e prever potenciais incidentes.
- **Resposta proactiva:** As autoridades podem mobilizar recursos ou modificar as rotas de tráfego para evitar zonas de alto risco, reduzindo assim o impacto dos incidentes.

9.7.4 Vantagens, desvantagens e desafios

9.7.4.1 Benefícios:

- **Otimização do fluxo de tráfego:** Reduz o congestionamento e melhora os tempos de deslocação.
- **Redução da poluição:** Menos veículos ao ralenti significa menos emissões.
- **Resposta rápida a incidentes:** Gestão preditiva e proactiva de incidentes de tráfego.

9.7.4.2 Desvantagens:

- **Custos iniciais elevados:** A criação de uma infraestrutura completa, incluindo BDR, sensores e sistemas de IA, envolve custos significativos.
- **Manutenção técnica:** A gestão da IA, dos modelos de previsão e da BDR requer conhecimentos técnicos constantes, o que conduz a custos de manutenção.

9.7.4.3 Desafios:

- **Custos iniciais:** Instalação de sensores, câmaras e infraestrutura de armazenamento de dados.
- **Manutenção técnica:** Atualização e manutenção de sistemas de IA e modelos de previsão.
- **Gestão de dados:** Garantir a exatidão e a segurança dos dados recolhidos.

9.8 Conclusões e perspectivas

Em conclusão, a integração de ML, DL e NN em cidades inteligentes representa um grande desafio para a sociedade no sentido de transformar os ambientes urbanos.

A utilização destas tecnologias permite previsões mais exactas, uma gestão eficiente dos recursos e a tomada de decisões informadas. Apesar dos desafios e custos envolvidos, os benefícios a longo prazo da adoção da IA em ambientes urbanos são substanciais, abrindo caminho para cidades mais inteligentes e sustentáveis.

Como perspectivas futuras, podemos destacar:

- ***Previsões melhoradas:*** *Os modelos evoluirão de modo a fornecer previsões mais exactas e com maior capacidade de resposta.*
- ***Integração da IA:*** *A integração contínua da IA nos modelos reforçará a compreensão dos sistemas urbanos.*

9.9 Referências

Estas referências fornecem uma base sólida para compreender a importância dos modelos de previsão que utilizam a aprendizagem automática, a aprendizagem profunda e as redes neuronais nas cidades inteligentes, bem como as perspectivas de melhoria e integração contínua da IA nestes modelos.

1. **Zheng, Y., Capra, L., Wolfson, O., Yang, H. (2014:** "Urban computing: concepts, methodologies, and applications.", **ACM Transactions on Intelligent Systems and Technology (TIST)**, 5(3), 1-55.
2. **Wang, Z., Sheth, A. (2017):** "Cidades inteligentes e os seus ecossistemas de dados: The enabler for continuous and context-aware urban computing.", **ACM Transactions on Internet Technology (TOIT),** 17(3), 1-23.
3. **Liu, Y., Wei, Y., Sun, H., Tong, L. (2017):** "Aprendizagem profunda para a mobilidade urbana: A survey from the perspectives of data and prediction.", **IEEE Transactions on Intelligent Transportation Systems,** 18(10), 2871-2886.
4. **Yu, H., Zhu, X. (2015):** "Hyper-connected network: Explorando a computação urbana como um novo paradigma.", **IEEE Communications Magazine,** 53(10), 38-45.
5. **Shi, Y., Xie, P., Ma, W. (2018):** "Aprendizagem automática para aplicações em cidades inteligentes: Tecnologias, desafios e oportunidades.", **IEEE Access,** 6, 48774-48788.
6. **Deng, L., Yu, D. (2014):** "Aprendizagem profunda: Methods and applications.", **Foundations and Trends® in Signal Processing,** 7(3-4), 197-387.
7. **Goodfellow, I., Bengio, Y., Courville, A. (2016):** "Deep Learning.", **MIT Press.**
8. **Glaeser, E. L., Kominers, S. D., Luca, M., Naik, N. (2018):** "Grandes dados e grandes cidades: The promises and limitations of improved measures of urban life.", **Economic Inquiry,** 56(1), 114-137.
9. **Cheng, Z., Zhang, J., Li, Y. (2020):** "Previsão do tráfego urbano com base na aprendizagem profunda: A review.", **Tsinghua Science and Technology,** 25(4), 505-516.
10. **Mohammadi, M., Al-Fuqaha, A., Sorour, S., Guizani, M. (2018):** "Aprendizagem profunda para IoT big data e análise de streaming: A survey.", **IEEE Communications Surveys & Tutorials,** 20(4), 2923-2960.
11. **Rose, D. (2016):** "Data Science", **Berkeley, CA: imprensa**, DOI: 10.1007/978-1-4842-2253-9.
12. **Caceres Florez, C.A. (2020):** "Engenharia de Sistemas utilizando conceitos de Inteligência Artificial, Ciência de Dados e Indústria 4.0", **Tese de Doutorado, UNICAMP,** Campinas, Brasil, julho de 2020.
13. **Mohammed, A.; Wang, L (2018):** "Brainwaves driven human-robot collaborative assembly.", **Anais do CIRP**, [S. l.], v. 67, n. 1, p. 13-16, 2018. DOI: 10.1016/j.cirp.2018.04.048.
14. **Song, I.Y.; Zhu, Y. (2017):** "Big Data e Ciência de Dados: Oportunidades e Desafios das Escolas. ", **Journal of Data and Information Science**, [S. l.], v. 2, n. 3, p. 1-18, 2017. DOI: 10.1515/jdis-2017-0011.
15. **Runkler, T. A. (2016):** "Data Analytics", **Wiesbaden: Springer Fachmedien Wiesbaden,** DOI: 10.1007/978-3-658-14075-5.
16. **Russel, S.; Norvig, P. (2009):** "Inteligência Artificial: uma abordagem moderna", **3. ed. Harlow, Inglaterra: Pearson**, 2009.

Capítulo 10

O desenvolvimento urbano baseado em dados no mundo

A adoção de bases de dados relacionais e de inteligência artificial é fundamental para a transformação digital das cidades em todo o mundo. Estas tecnologias permitem a gestão e análise eficientes de vastos dados urbanos, conduzindo a uma tomada de decisões mais informada e a operações urbanas optimizadas. Da Europa à Ásia e das Américas a África, as cidades estão a utilizar tecnologias inteligentes para aumentar a sustentabilidade, melhorar os serviços públicos e promover o crescimento urbano inclusivo. À medida que essas tecnologias continuam a evoluir, elas prometem tornar as cidades mais habitáveis, resilientes e responsivas às necessidades de seus habitantes.

10.1 - Utilização de bases de dados relacionais (BDR) e inteligência artificial

As bases de dados relacionais (RDB) e a inteligência artificial (IA) são fundamentais para o desenvolvimento de cidades inteligentes. As BDR fornecem o armazenamento estruturado necessário para gerir as grandes quantidades de dados gerados pelos ambientes urbanos, permitindo uma recuperação e integração eficientes dos dados. A IA melhora esta capacidade, analisando os dados para identificar padrões, fazer previsões e otimizar as operações da cidade. De acordo com Kitchin (2014), a integração de grandes volumes de dados e de IA nas infra-estruturas urbanas conduz a sistemas de gestão das cidades mais reactivos e adaptáveis (Figura 10.1).

Figura 10.1: A utilização de bases de dados relacionais e IA em cidades inteligentes

No contexto da gestão do tráfego urbano, por exemplo, os sistemas de IA utilizam dados de sensores e câmaras armazenados em RDBs para prever as condições de tráfego e ajustar as sequências de semáforos em tempo real, como detalhado por Batty (2018). Esta aplicação reduz o congestionamento, minimiza o tempo de deslocação e diminui as emissões, demonstrando o potencial transformador da IA e dos RDB em ambientes urbanos.

Eis alguns aspectos importantes da utilização de bases de dados relacionais e da Inteligência Artificial:

- **Bases de dados relacionais:** As cidades francesas utilizam bases de dados relacionais para gerir vários aspectos dos serviços municipais, como os transportes, os resíduos, a energia e a água. Estas bases de dados facilitam uma gestão integrada e um planeamento urbano eficaz.

- **Inteligência artificial:** A inteligência artificial está a ser integrada em áreas como a gestão do tráfego, a segurança pública e o planeamento urbano. Os sistemas de IA analisam dados em tempo real para otimizar recursos, antecipar necessidades e melhorar a qualidade de vida dos cidadãos.

- **Projectos de cidades inteligentes:** Estão em curso iniciativas de cidades inteligentes em várias grandes metrópoles francesas. Paris, por exemplo, lançou projectos destinados a melhorar a mobilidade e a qualidade do ar e a reforçar a conetividade digital na cidade.

- **Mobilidade urbana:** Os dados são amplamente utilizados para otimizar a mobilidade urbana, com aplicações que fornecem informações em tempo real sobre os transportes públicos, serviços de bicicletas partilhadas e incentivam a utilização de modos de transporte mais sustentáveis.

- **Envolvimento dos cidadãos:** As plataformas digitais permitem que os cidadãos participem ativamente na vida urbana, comunicando problemas, partilhando ideias e contribuindo para a tomada de decisões.

10.2 - A transformação digital em França, na Europa e nos Estados Unidos

O desenvolvimento orientado por dados para o desenvolvimento urbano está na vanguarda da transformação das cidades em todo o mundo. Segue-se uma panorâmica de alguns exemplos actuais em países mais avançados da utilização de bases de dados relacionais e de Inteligência Artificial no desenvolvimento urbano e das suas aplicações nas regiões específicas mencionadas (Figura 10.2).

Figura 10.2: A transformação digital das cidades em todo o mundo.

A transformação digital em cidades de França, da Europa e dos Estados Unidos tem sido marcada pela adoção de iniciativas de cidades inteligentes que tiram partido da tecnologia para melhorar a vida urbana. Na Europa, cidades como Barcelona e Amesterdão tornaram-se líderes na implementação de tecnologias de cidades inteligentes, centrando-se na sustentabilidade e no envolvimento dos cidadãos. Estas cidades utilizam dispositivos IoT e IA para gerir os recursos de forma mais eficiente e prestar melhores serviços públicos (Angelidou, 2017)

Em França, cidades como Paris estão a incorporar a IA e os grandes dados para enfrentar desafios urbanos como a gestão do tráfego e a monitorização ambiental. A utilização por Paris de abordagens baseadas em dados no planeamento urbano exemplifica a mudança para processos de tomada de decisão mais informados na governação das cidades (Calzada & Cobo, 2015).

Nos Estados Unidos, cidades como Nova Iorque e São Francisco estão na vanguarda da transformação digital, utilizando tecnologias inteligentes para melhorar os sistemas de transporte, reduzir o consumo de energia e melhorar a segurança pública. A adoção de redes inteligentes e de análises baseadas em IA ajuda estas cidades a otimizar a distribuição de energia e a prever as necessidades de manutenção das infra-estruturas (Hollands, 2008)

10.2.1 - França

Em **França**, o desenvolvimento urbano baseado em dados é também uma realidade em evolução, com iniciativas destinadas a tornar as cidades mais inteligentes, sustentáveis e sensíveis às necessidades dos cidadãos.

A França, respeitando os princípios da proteção da privacidade e da transparência, empenha-se ativamente no desenvolvimento urbano baseado em dados para melhorar a qualidade de vida dos seus cidadãos e contribuir para a criação de cidades mais sustentáveis e inteligentes. Como perspectivas para o futuro em França, temos de avançar:

- **Interoperabilidade dos dados:** A tónica deve ser colocada na interoperabilidade dos dados, permitindo uma colaboração mais eficaz entre os diferentes intervenientes urbanos e promovendo o desenvolvimento de soluções transversais.

- **Sustentabilidade ambiental:** Os projectos futuros devem dar maior ênfase à sustentabilidade ambiental, com uma maior utilização de dados para monitorizar e reduzir o impacto ecológico das actividades urbanas.

- **Inovação digital**: Espera-se que a inovação digital, incluindo a integração de tecnologias emergentes como a inteligência artificial e a cadeia de blocos, continue a moldar os projectos urbanos em França.

10.2.2 - Europa

Cidades europeias como Barcelona utilizam bases de dados relacionais para gerir os serviços municipais. Recolhem e armazenam informações sobre transportes, resíduos, energia e cidadãos para uma gestão integrada.

Barcelona implementou sistemas de gestão de resíduos inteligentes e baseados em dados. Cidades como Amesterdão utilizam dados para a gestão do tráfego e dos transportes públicos.

A IA é utilizada para analisar dados massivos recolhidos, prever tendências na procura de serviços urbanos e otimizar a eficiência de infra-estruturas como as redes de transportes.

10.2.3 - Estados Unidos

Cidades como Nova Iorque utilizam dados para melhorar a gestão dos transportes, o planeamento urbano e a resposta a emergências. Os projectos de cidades inteligentes integram a IoT para monitorizar as infra-estruturas e otimizar os serviços.

10.3 - A transformação digital das cidades em todo o mundo

A nível mundial, a transformação digital das cidades está a ganhar ímpeto, com diversas abordagens adaptadas às necessidades e contextos locais (Figura 10.3). Cidades asiáticas como Singapura e Seul destacam-se pelas suas estratégias abrangentes de cidades inteligentes, integrando a IA e as RDB em vários sectores, incluindo os transportes, os cuidados de saúde e a segurança pública. Estas cidades utilizam análises de dados sofisticadas para melhorar a vida urbana e promover o crescimento económico (Meijer & Bolívar, 2016).

Figura 10.3: A transformação digital em todo o mundo.

Na América Latina, cidades como Medellín estão a utilizar a tecnologia para promover a inovação social e melhorar a qualidade de vida dos residentes. O enfoque de Medellín no planeamento urbano orientado por dados e no envolvimento da comunidade mostra como as tecnologias das cidades inteligentes podem abordar as desigualdades sociais e melhorar a participação cívica (Nam & Pardo, 2011).

As cidades africanas estão também a começar a abraçar a transformação digital, com iniciativas em cidades como Nairobi centradas na melhoria dos serviços públicos e da mobilidade urbana utilizando a IA e os grandes dados. Estes esforços são frequentemente apoiados por colaborações internacionais e investimentos destinados a construir a infraestrutura tecnológica necessária para o desenvolvimento de cidades inteligentes (Allwinkle & Cruickshank, 2011).

10.3.1 - Dubai

O Dubai está a avançar para a cidade inteligente, utilizando dados para a gestão do tráfego, a otimização da energia e dos serviços públicos, e tirando partido das bases de dados para gerir os transportes, a energia, os sistemas de segurança e os serviços urbanos. Estas bases de dados ajudam a monitorizar e coordenar diferentes aspectos da cidade.

A Inteligência Artificial (IA) é utilizada para monitorizar a segurança, otimizar os sistemas de transporte, prever as necessidades energéticas e analisar dados para a tomada de decisões proactivas.

10.3.2 - Taiwan

Taipé utiliza dados para melhorar a gestão dos transportes públicos e desenvolver soluções de mobilidade sustentável.

Taiwan, em particular Taipé, utiliza bases de dados relacionais para gerir os transportes públicos, os parques e os serviços municipais. Estas bases de dados ajudam a coordenar os horários, a otimizar os percursos e a planear as obras públicas.

A IA está integrada na gestão do tráfego, prevendo o congestionamento e propondo percursos alternativos em tempo real, melhorando o fluxo das deslocações.

10.3.3 - Brasil

São Paulo utiliza dados para otimizar os transportes públicos e monitorizar a qualidade do ar. Curitiba utiliza os dados para o planeamento urbano e o desenvolvimento de infra-estruturas.

10.3.4 - Singapura

Singapura utiliza bases de dados para gerir eficazmente os transportes, os resíduos, a água e a energia. Estas bases de dados relacionais ajudam a coordenar os serviços urbanos e a antecipar as necessidades.

A IA é utilizada para analisar os comportamentos dos cidadãos, prever tendências de consumo e adaptar os serviços municipais em conformidade, contribuindo para um melhor planeamento urbano.

10.4 - Conclusão

A transformação digital para cidades inteligentes conectadas marca a revolução tecnológica que redefine fundamentalmente os nossos espaços urbanos, nomeadamente no contexto das cidades inteligentes conectadas.

Para concluir este capítulo, analisámos a forma como as tecnologias digitais, como a inteligência artificial, a Internet das coisas, a robótica e a conetividade avançada, estão a convergir para moldar cidades mais inteligentes, mais resilientes e mais adaptáveis à realidade contemporânea.

Salientámos a necessidade crítica de uma visão holística e de uma colaboração multidisciplinar para orientar esta transformação. Os governos, as empresas, as comunidades e os cidadãos devem trabalhar em conjunto para criar ecossistemas urbanos onde a inovação tecnológica se combine com a sustentabilidade, a inclusão e o respeito pelos valores éticos.

O papel central da conetividade foi destacado, mostrando como ela serve de facilitador para uma série de serviços inteligentes, desde a gestão de transportes até à prestação de cuidados de saúde personalizados. No entanto, reconhecemos também os desafios associados à conetividade, como a cibersegurança e a privacidade, e salientámos a necessidade de uma abordagem equilibrada.

Explorámos a forma como a transformação digital pode ser uma alavanca para resolver desafios urbanos persistentes, desde o congestionamento do tráfego à gestão de resíduos, promovendo simultaneamente a participação dos cidadãos e melhorando a qualidade de vida.

A ética surgiu como uma preocupação constante, sublinhando a importância de orientar esta transformação por princípios que respeitem os direitos fundamentais, a diversidade e a dignidade humana.

Por último, podemos imaginar, como perspetiva futura, cidades-modelo inteligentes, inovações contínuas no domínio da IA e da robótica e uma colaboração reforçada entre os sectores público e privado. Salientámos a necessidade de manter uma sensibilização contínua e de investir na educação para que os cidadãos possam compreender, abraçar e contribuir para esta revolução digital.

Em conclusão, este capítulo é um convite à reflexão e à ação, em que a transformação digital para cidades inteligentes conectadas não é um destino, mas uma viagem contínua. É um apelo à conceção de cidades que não sejam apenas tecnologicamente inteligentes, mas também inteligentes na sua capacidade de criar comunidades vibrantes, sustentáveis e centradas no ser humano nesta era digital em constante mudança. A chave reside na nossa capacidade de combinar a tecnologia com uma visão ética, de abraçar a inovação respeitando os nossos valores fundamentais.

10.5 - Referências

Estas referências fornecem uma base sólida para compreender o estado atual do desenvolvimento urbano baseado em dados em todo o mundo, bem como a utilização de bases de dados relacionais e de inteligência artificial em cidades inteligentes.

1. **Batty, M. (2018):** "Inventing Future Cities", **MIT Press.**

2. **Kitchin, R. (2014):** "A Revolução dos Dados: Big Data, Open Data, Data Infrastructures and Their Consequences.", **SAGE Publications.**

3. **Angelidou, M. (2017):** "O papel das caraterísticas das cidades inteligentes nos planos de quinze cidades.", **Journal of Urban Technology**, 24(4), 3-28.

4. **Calzada, I., Cobo, C. (2015):** "Unplugging: Deconstructing the Smart City.", **Journal of Urban Technology**, 22(1), 23-43.

5. **Hollands, R. G. (2008):** "Será que a verdadeira cidade inteligente se pode levantar? Intelligent, progressive or entrepreneurial?", **City,** 12(3), 303-320.

6. **Meijer, A., Bolívar, M. P. R. (2016):** "Governing the smart city: a review of the literature on smart urban governance.", **International Review of Administrative Sciences,** 82(2), 392-408.

7. **Nam, T., Pardo, T. A. (2011):** "Conceptualizing smart city with dimensions of technology, people, and institutions.", **Actas da 12.ª Conferência Internacional Anual de Investigação sobre Governo Digital: Digital Government Innovation in Challenging Times,** 282-291.

8. **Allwinkle, S., Cruickshank, P. (2011):** "Creating smart-er cities: An overview.", **Journal of Urban Technology,** 18(2), 1-16.

9. **Vanolo, A. (2014):** "Smartmentality: A cidade inteligente como estratégia disciplinar", **Estudos Urbanos,** 51(5), 883-898.

10. **Schaffers, H., Komninos, N., Pallot, M., Trousse, B., Nilsson, M., Oliveira, A. (2011):** "Cidades inteligentes e a Internet do futuro: Towards cooperation frameworks for open innovation", **The Future Internet Assembly,** 431-446.

Capítulo 11

Conclusões e perspectivas

11.1 - Conclusões

Esta apresentação fornecerá uma visão global da produção de dados, desde o BIM até à cidade aumentada e conectada, destacando exemplos concretos e áreas-chave em que a tecnologia está a moldar o nosso futuro urbano.

Ao integrar a IA e a robótica na apresentação, destaca tecnologias disruptivas que estão a revolucionar a forma como as cidades recolhem, analisam e utilizam os dados para melhorar as suas operações. Estas tecnologias trazem benefícios significativos em termos de eficiência operacional, tomada de decisões informadas e melhoria dos serviços urbanos.

Esta estrutura permitiria cobrir os principais aspectos relacionados com a produção de dados e a evolução das cidades para ambientes conectados e inteligentes. É importante personalizar ainda mais com base nos seus conhecimentos específicos e nos pormenores técnicos que pretende abranger.

Como desafios a ultrapassar, podemos identificar os principais desafios para a adoção generalizada destas tecnologias nas cidades e, como oportunidades futuras, podemos destacar potenciais avanços e orientações futuras para uma cidade verdadeiramente inteligente e conectada.

11.2 - Perspectivas

Esta mudança para cidades mais inteligentes e orientadas para os dados é um fenómeno global. Os avanços nestes domínios oferecem uma perspetiva de potenciais melhorias na qualidade de vida, na sustentabilidade e na eficiência dos serviços urbanos no futuro.

Estas regiões privilegiam a utilização de bases de dados relacionais e de inteligência artificial para uma gestão urbana mais eficiente, antecipatória e centrada no cidadão. Espera-se que a expansão destas tecnologias venha a moldar o futuro das cidades em todo o mundo, com o objetivo de oferecer serviços de moda mais inteligentes, sustentáveis e adaptáveis:

- **Desenvolvimento sustentável:** As cidades devem aumentar a utilização de dados para uma gestão mais sustentável dos recursos, reduzindo as emissões e o consumo de energia.

- **Integração mais profunda da IA e da robótica:** O futuro envolve uma integração mais profunda da inteligência artificial e da robótica na gestão urbana para cidades ainda mais inteligentes e com maior capacidade de resposta para serviços urbanos mais eficientes, como a manutenção preditiva de infra-estruturas.

- **Dados em tempo real:** As cidades pretendem utilizar bases de dados para recolher e analisar dados em tempo real, permitindo respostas imediatas às necessidades em constante mudança.

- **Expansão da realidade aumentada**: A crescente adoção da realidade aumentada para a navegação urbana e a interação cidadão-cidade marcará a próxima fase da experiência urbana.
- **Melhoria da qualidade de vida:** As perspectivas futuras centram-se na melhoria da qualidade de vida dos cidadãos através da integração de serviços e infra-estruturas mais inteligentes.

- **Amigo do ambiente:** As cidades pretendem tornar-se mais amigas do ambiente, reduzindo a sua pegada de carbono através de soluções baseadas em dados.

- **Crescimento económico:** A utilização de dados para a gestão urbana também deverá impulsionar o crescimento económico através de uma maior eficiência e de novas oportunidades de negócio.

11.3 - Informações práticas

Dando continuidade a este livro, foi preparado um segundo livro: "Practical Insights into Data Driven Urban Development" (Figura 11.1), onde exploraremos os capítulos conceptuais abordados neste livro, até aos avanços tecnológicos no desenvolvimento de cidades inteligentes. Exploraremos uma série de tecnologias e aplicações pioneiras que estão a moldar o futuro dos ambientes urbanos, apresentando uma série de estudos de caso que ilustram como as abordagens orientadas por dados e os sistemas avançados, como a utilização de métodos de classificação de imagens, em particular os que envolvem redes, as redes neurais convolucionais (CNN), provaram ser extremamente eficazes na deteção e análise de problemas em cidades inteligentes. De seguida, exploramos a forma como estas tecnologias podem ser aplicadas, principalmente através de dispositivos robóticos e drones.

Figura 11.1: Perspectivas práticas do desenvolvimento urbano baseado em dados.

11.4 - Referências

Estas referências finais abrangem uma vasta gama de tópicos relevantes para a conclusão do seu livro, centrando-se na produção de dados, na integração de tecnologias e nos desafios e perspectivas futuros para as cidades inteligentes e conectadas.

1. **Batty, M. (2013):** "A nova ciência das cidades", **MIT Press.**
2. **Kitchin, R. (2014):** "A Revolução dos Dados: Big Data, Open Data, Data Infrastructures and Their Consequences.", **SAGE Publications.**
3. **Graham, S., Marvin, S. (2001):** "Splintering Urbanism: Networked Infrastructures, Technological Mobilities and the Urban Condition", **Routledge.**
4. **Goodfellow, I., Bengio, Y., & Courville, A. (2016):** "Deep Learning.", **MIT Press.**
5. **Komninos, N. (2015):** "A Era das Cidades Inteligentes: Smart Environments and Innovation-for-all Strategies", **Routledge.**
6. **Elmqvist, T., et al. (2019):** "Urban Planet: Knowledge Towards Sustainable Cities", **Cambridge University Press.**
7. **Khan, Z., Anjum, A., Kiani, S. L. (2013):** "Cloud-based big data analytics for smart future cities.", **Simpósio Internacional IEEE/ACM sobre Cluster, Cloud e Grid Computing.**
8. **Zanella, A., et al. (2014): "Internet of Things for Smart Cities.", IEEE Internet of Things Journal, 1(1), 22-32.**
9. **Nam, T., & Pardo, T. A. (2011).** "Conceptualizing smart city with dimensions of technology, people, and institutions.", **Actas da 12.ª Conferência Internacional Anual de Investigação sobre Governo Digital.**
10. **Allwinkle, S., Cruickshank, P. (2011):** "Creating smarter cities: An overview.", **Journal of Urban Technology,** 18(2), 1-16.
11. **Angelidou, M. (2017):** "O papel das caraterísticas das cidades inteligentes nos planos de quinze cidades.", **Journal of Urban Technology,** 24(4), 3-28.
12. **Hollands, R. G. (2008):** "Será que a verdadeira cidade inteligente se pode levantar? Intelligent, progressive or entrepreneurial?", **City,** 12(3), 303-320.
13. **Schaffers, H., et al. (2011):** "Smart cities and the future internet: Towards cooperation frameworks for open innovation", **The Future Internet Assembly.**
14. **Calzada, I., & Cobo, C. (2015):** "Unplugging: Deconstructing the Smart City.", **Journal of Urban Technology,** 22(1), 23-43.
15. **Meijer, A., & Bolívar, M. P. R. (2016):** "Governing the smart city: a review of the literature on smart urban governance.", **International Review of Administrative Sciences,** 82(2), 392-408.
16. **Vanolo, A. (2014):** "Smartmentality: A cidade inteligente como estratégia disciplinar", **Estudos Urbanos,** 51(5), 883-898.
17. **Mohammadi, M., et al. (2018):** "Aprendizagem profunda para IoT big data e análise de streaming: A survey.", **IEEE Communications Surveys & Tutorials,** 20(4), 2923-2960.
18. **Cheng, Z., et al. (2020):** "Previsão do tráfego urbano com base na aprendizagem profunda: A review.", **Tsinghua Science and Technology,** 25(4), 505-516.
19. **Glaeser, E. L., et al. (2018):** "Big data e grandes cidades: The promises and limitations of improved measures of urban life.", **Economic Inquiry,** 56(1), 114-137.

20. **Shi, Y., et al. (2018):** "Aprendizagem automática para aplicações em cidades inteligentes: Tecnologias, desafios e oportunidades.", **IEEE Access,** 6, 48774-48788.

Printed by Books on Demand GmbH, Norderstedt / Germany